CARRÉS CLASSIQUES

Collection LYCÉE dirigée par
Sophie Pailloux-Riggi
Agrégée de Lettres modernes

Voltaire

Candide ou l'Optimisme

1758-1759

texte intégral

Édition présentée par
Guy Palayret
Agrégé de Lettres modernes

Nathan

sommaire

Contextes

Lire Candide

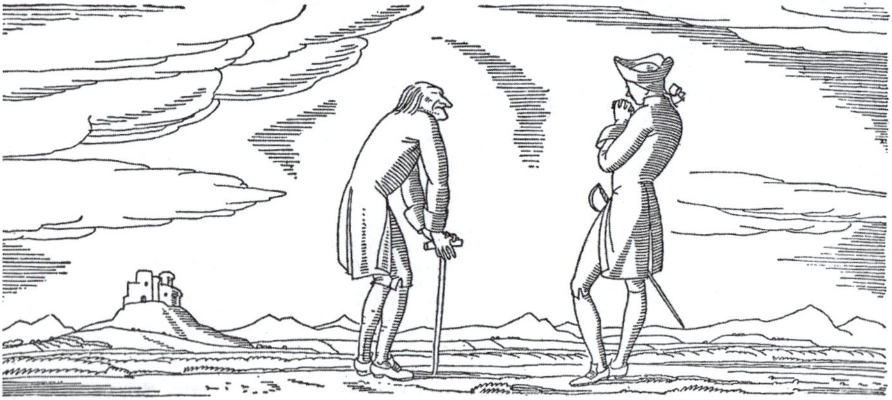

ISBN : 978-2-09-188709-8

sommaire

Relire *Candide*

Dossier central images en couleurs

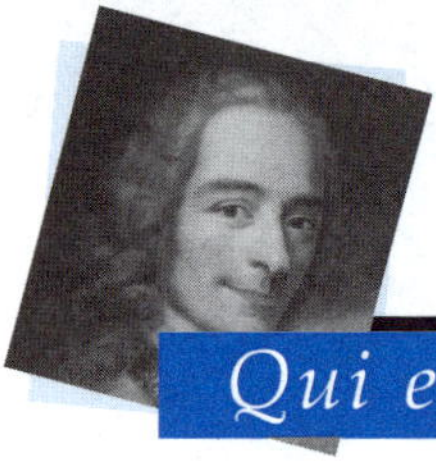

Qui est Voltaire en 1758 ?

Le temps de la vieillesse ?

En 1758, lorsqu'il rédige *Candide* dans sa propriété des Délices, achetée en 1755, Voltaire a soixante-quatre ans, l'âge de la vieillesse au XVIIIe siècle ! Il a déjà plusieurs vies derrière lui ; son œuvre est immense, tout comme sa notoriété, acquise en partie grâce à ses tragédies (très appréciées par ses contemporains, alors que nous ne les lisons presque plus aujourd'hui), par ses travaux d'historien et son combat philosophique. Mais Voltaire vient aussi de vivre une période très sombre. Ainsi, la dégradation de sa santé le conduit à écrire dans une lettre de 1753 : « Je me regarde comme un homme mort », alors qu'il lui reste en réalité vingt-cinq années à vivre, certaines de ses œuvres les plus lues à écrire, et ses plus fameux combats, comme l'affaire Calas, à mener.

Un philosophe de soixante-quatre ans, meurtri par de multiples épreuves.

Au moment où il entreprend d'écrire *Candide*, Voltaire est un philosophe meurtri par de multiples épreuves.

Le piège berlinois

En 1750, attiré par le roi de Prusse Frédéric II, Voltaire se rend à Berlin. Il est en relation depuis dix ans avec ce souverain, despote éclairé, qui a entrepris de moderniser son pays. Il retrouve à sa cour de nombreux philosophes et savants, comme le Français Maupertuis. Après un début de séjour enthousiaste, le climat entre les deux hommes se dégrade. En 1752, Voltaire publie des pamphlets contre Maupertuis, qui sont condamnés par Frédéric II : c'est la rupture ! Voltaire quitte Berlin. Mais il ne peut plus rentrer à Paris, car un édit de Louis XV lui interdit d'y séjourner. Après une période d'errance, il finit par acheter la propriété des Délices.

Le traumatisme de Lisbonne

En novembre 1755, un séisme d'une extrême violence dévaste Lisbonne. La catastrophe émeut toute l'Europe, et Voltaire est profondément affecté par cet événement. Il écrit aussitôt le *Poème sur le désastre de Lisbonne,* où il exprime ses interrogations philosophiques sur l'origine et la justification du Mal. Les réactions à ce poème sont nombreuses, parmi lesquelles celle de Jean-Jacques Rousseau, qui écrit à Voltaire une longue lettre critique. Rousseau considérera *Candide* comme une réponse indirecte à sa lettre.

L'horreur de la guerre de Sept Ans

En 1756 éclate un conflit, engageant d'un côté la Prusse et l'Angleterre, et de l'autre la France, la Russie et l'Autriche. Révolté par les massacres, Voltaire voit dans cette guerre une autre forme du mal, causé cette fois par la folie des hommes. Mais cette guerre a aussi des répercussions personnelles. En homme d'affaires avisé, Voltaire a placé ses fonds dans des opérations commerciales et a prêté de l'argent aux Grands de l'Europe. Le déclenchement de la guerre l'inquiète : les princes débiteurs ne vont-ils pas utiliser cet argument pour refuser de régler leurs dettes ? Mais cette mauvaise conjoncture tournera finalement en faveur de Voltaire et lui assurera une vie à l'abri du besoin.

Candide : épreuves et renaissance

Candide porte la marque de ces multiples épreuves : l'errance des personnages mime celle de Voltaire durant toutes ces années, tout comme le dénouement du conte fait penser à son installation aux Délices ; la guerre de Sept Ans ouvre le récit, et le tremblement de terre de Lisbonne devient un épisode clé. Mais l'œuvre témoigne surtout de l'état d'esprit de Voltaire à cette époque. Un moment abattu par des difficultés personnelles et le spectacle des malheurs du temps, Voltaire repart pour un nouveau combat philosophique et pour une dernière vie, dont *Candide* est la naissance. En 1759, année où paraît le conte, Voltaire fait ainsi l'acquisition de sa propriété de Ferney, en France, à quelques kilomètres de la Suisse. À partir de 1760 et presque jusqu'à sa mort, il y vivra en « patriarche », faisant de son domaine un centre intellectuel de l'Europe et une petite ville prospère, où travailleront 1 200 personnes.

> Candide *est l'élan vers un nouveau combat philosophique.*

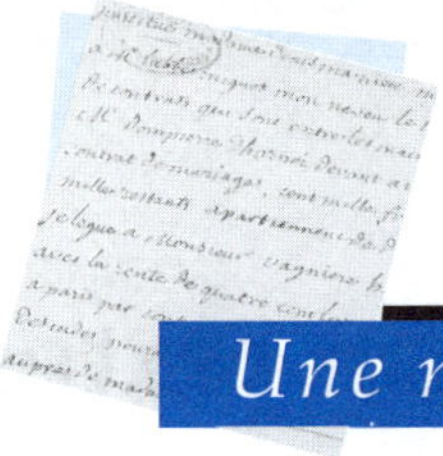

Une nouvelle manière de philosopher

Les leçons de la philosophie anglaise

Exilé en Angleterre entre 1726 et 1729, Voltaire découvre la philosophie anglaise, en particulier celle de John Locke, dont la notoriété est alors à son apogée. Il en fait un éloge appuyé dans la treizième de ses *Lettres philosophiques* (1734), en retenant, schématiquement, trois leçons.

La première porte sur la théorie de la connaissance : Locke conteste la conception de Descartes selon laquelle les idées que forme notre raison sont innées, et donc que les fondements de nos connaissances sont indépendantes de l'expérience. Il s'attache à montrer, au contraire, que l'expérience est à la base de toute connaissance et qu'il est donc impossible de concevoir quelque chose sans l'avoir auparavant vécu. C'est la théorie de l'empirisme.

> *Voltaire ne cesse de s'interroger sur l'existence du Mal.*

La seconde leçon dérive de la première : concernant les questions relatives à des notions philosophiques, comme Dieu, l'âme et les causes premières de ce qui existe (la métaphysique), la raison humaine doit s'en tenir aux limites de ce qu'elle peut connaître et renoncer à sa prétention de définir ces notions.

La troisième leçon découle aussi indirectement de la seconde : il s'agit du principe de tolérance, notamment en matière religieuse. Toutes ces idées ont durablement influencé Voltaire, et se retrouvent dans *Candide*.

La question du mal et l'optimisme

Bien qu'il affecte de se désintéresser de la métaphysique, Voltaire ne cesse de s'interroger, à partir des années 1750, sur un problème métaphysique par excellence : celui de l'existence du mal sur Terre. Cette question n'est pas originale ; elle a fait l'objet de nombreuses réflexions, dont celle de Leibniz, philosophe allemand.

Voltaire semble élaborer une première position sur cette question du mal après son exil anglais. Il partage alors la vie de Mme du Châtelet, une femme très cultivée, qui traduit Newton en français et connaît les idées de Leibniz. Peut-être sous son influence, Voltaire adopte un temps les vues de Leibniz. Selon ce dernier, Dieu a créé le meilleur des mondes possibles, non pas un monde parfait, mais un monde optimal, un monde du moindre mal au service d'un bien ultérieur. Cette doctrine est connue sous le nom d'optimisme.

Mais, à partir de 1752, Voltaire s'éloigne radicalement de l'optimisme et accumule les arguments contre cette doctrine, qui deviendra sa cible dans *Candide*. Le conte peut alors se lire comme l'aboutissement de ce rejet et comme le retour de Voltaire à la pensée de Locke.

La philosophie à la portée de tous

Voltaire n'est pas un philosophe qui exprime sa doctrine dans des traités théoriques ; son système de pensée n'est pas organisé dans un ensemble de propositions liées entre elles. Tout cela lui a valu la réputation d'être un philosophe de second ordre, mais sa pensée emprunte pour s'exprimer une voie nouvelle, qui rappelle une forme de narration très ancienne : le conte. Avant *Candide*, Voltaire avait déjà écrit plusieurs œuvres, comme *Micromégas* et *Zadig*, qui empruntent au conte traditionnel ses schémas habituels en les mettant au service d'une visée philosophique. En effet, Voltaire conçoit la philosophie comme une activité destinée au plus grand nombre, dans les limites étroites du lectorat de son époque. La manière dont il organise la diffusion de *Candide* à partir de plusieurs centres d'impression simultanés (Paris, Londres, Amsterdam, Genève) montre sa volonté d'être lu par un maximum de lecteurs en suscitant le maximum de réactions. L'énorme succès de l'œuvre à sa parution, comme sa postérité, prouve qu'il a réussi son pari. Voltaire est sans aucun doute l'inventeur d'un nouveau genre – le conte philosophique – et un précurseur de l'édition moderne, attentive au public et capable de « coups » pour assurer le succès d'un texte.

L'inventeur d'un nouveau genre, le conte philosophique.

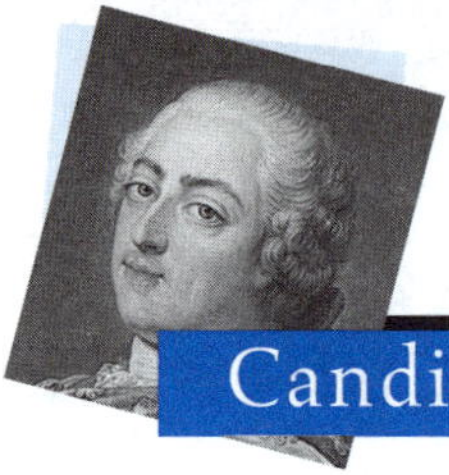

Candide et le combat philosophique

Le règne de Louis XV

Louis XV, monté sur le trône de France à l'âge de cinq ans après l'interminable fin de règne de Louis XIV, avait suscité les plus grandes espérances, au point d'avoir reçu le surnom de « Bien-Aimé ». Les premières années du nouveau roi sont dominées par la politique prudente du cardinal de Fleury, précepteur de Louis XV. Mais après sa mort en 1743, le roi ne lui trouve pas de successeur durable et se révèle mal préparé à gouverner lui-même. Progressivement, la difficulté à réformer une monarchie inadaptée aux exigences d'un monde en mutation, l'influence contestée de certaines maîtresses du roi (Mme de Pompadour, puis Mme du Barry) sur sa politique et les mœurs du monarque lui-même suscitent la réprobation. De nombreux pamphlets paraissent, contribuant à le discréditer définitivement dans l'opinion du peuple.

> *Le prestige de la France se trouve affaibli.*

En 1756, la France s'engage dans la guerre de Sept Ans, qui se révélera désastreuse. Les armées françaises sont battues par les troupes prussiennes. Parallèlement, l'Angleterre s'empare des possessions françaises au Canada et en Inde, assurant la suprématie de son empire. Au moment du traité de Paris, qui met fin à la guerre en 1763, le prestige de la France se trouve considérablement affaibli.

- **1694** – Naissance de François Marie Arouet (Voltaire)
- **1710** – Leibniz, *Essais de théodicée*
- **1715** – Mort de Louis XIV. Régence
- **1726** – 1726-1729 Exil en Angleterre
- **1734** – *Lettres philosophiques*
- **1743** – Début du règne de Louis XV
- **1747** – *Zadig*
- **1750** – 1750-1753 Séjour à Berlin
- **1751** – 1751-1772 Publication de l'*Encyclopédie*
- **1752** – *Micromégas* (rédigé vers 1739)

contextes

La montée des philosophes

La première moitié du XVIIIe siècle est marquée sur le plan culturel par l'émergence de l'esprit philosophique. Des précurseurs, comme Bayle et Fontenelle, ont développé dès la fin du XVIIe siècle une attitude critique à l'égard des dogmes religieux, pratiqué le rejet des autorités admises sans réflexion et examiné des problèmes à la lumière de la raison. Un vent de liberté secoue les certitudes les mieux ancrées. La pensée anglaise, que Voltaire va contribuer à répandre en France, propose une forme de réflexion éloignée des spéculations abstraites, tournée vers les problèmes concrets de l'homme et de la société, fondée sur la tolérance.

En France, cet esprit va se cristalliser dans l'entreprise de l'*Encyclopédie*, qui prend forme en 1750, le premier volume paraissant en 1751. L'idée première d'un dictionnaire moderne qui recenserait toutes les connaissances du moment devient vite un instrument de diffusion des idées nouvelles. Diderot, à qui l'éditeur a confié la direction de l'entreprise, est protégé par Malesherbes, le directeur de la Librairie, et bénéficie de la sympathie de Mme de Pompadour, la maîtresse du roi.

> *Un vent de liberté secoue les certitudes les mieux ancrées.*

Année		
1755	Installation aux Délices (Genève)	Séisme de Lisbonne
1756	*Poème sur le désastre de Lisbonne*	Début de la guerre de Sept Ans
1757		Attentat de Damiens contre Louis XV
1759	*Candide*	
1760	Installation à Ferney	
1762	1762-1765 Affaire Calas	
1774		Début du règne de Louis XVI
1778	Mort de Voltaire	

contextes

La crise des années 1757-1758

En 1757 survient un événement décisif : un inconnu, Damiens, agresse Louis XV à coups de canif. Le roi est à peine touché, mais le symbole du geste a une énorme répercussion, alors même que la popularité du régime est en crise. La politique royale se durcit, la phobie du complot se développe. On arrête les étrangers et on s'en prend aux philosophes : Diderot et ses collaborateurs de l'*Encyclopédie* sont menacés. Les attaques de nombreux adversaires, dont les jésuites, ébranlent l'entreprise ; la réimpression des volumes déjà édités est interdite. Face à cette situation nouvelle, le « camp des philosophes » est divisé : certains sont inquiets devant les risques et abandonnent l'entreprise (comme le mathématicien d'Alembert) ; d'autres, comme Voltaire, hésitent et prônent la poursuite du combat depuis l'étranger ; Diderot, lui, est résolu à achever son projet. Il parvient à négocier un compromis avec Malesherbes, qui préserve l'essentiel : la parution des volumes. Voltaire rejoint finalement le « parti philosophique », multipliant libelles et pamphlets. C'est dans cette atmosphère qu'il rédige *Candide*. L'œuvre porte largement le témoignage de cette actualité mouvementée, par une multitude d'allusions et de références qui en font un texte engagé dans le présent le plus immédiat.

Voltaire multiplie libelles et pamphlets.

« *Plus que toute autre création humaine,*
le livre est le fléau des dictatures. »
Alberto Manguel

Lire...

Candide

ou l'Optimisme

1758-1759
Voltaire

texte intégral

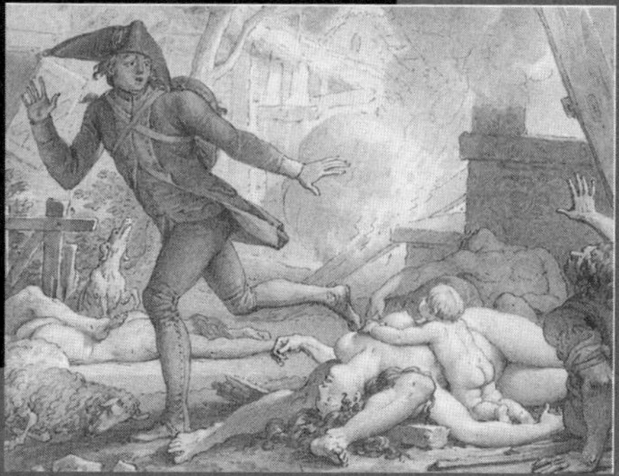

conte philosophique

Candide ou l'Optimisme

Traduit de l'Allemand de M. le docteur Ralph[1],
avec les additions qu'on a trouvées dans la poche du docteur,
lorsqu'il mourut à Minden[2], l'An de Grâce 1759.

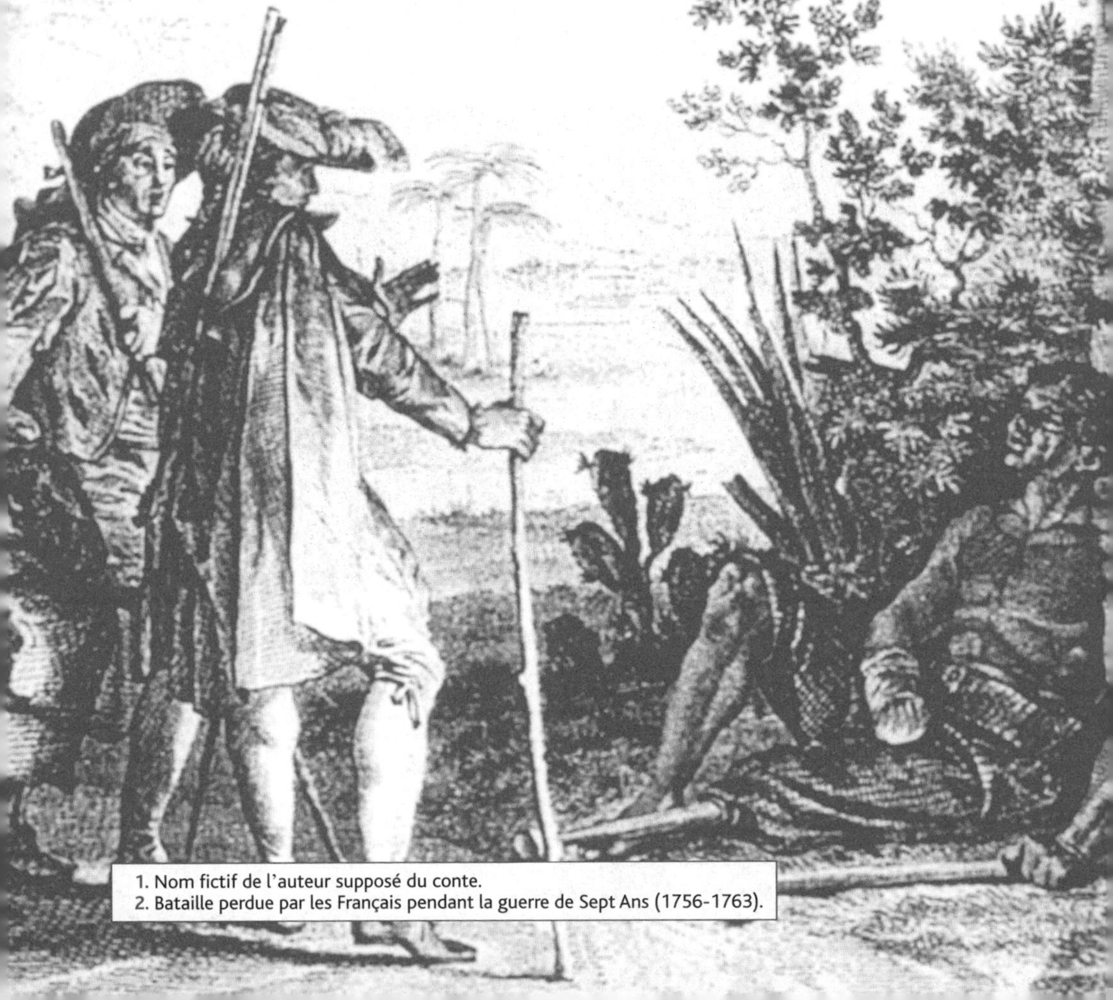

1. Nom fictif de l'auteur supposé du conte.
2. Bataille perdue par les Français pendant la guerre de Sept Ans (1756-1763).

Chapitre I

Comment Candide fut élevé dans un beau château, et comment il fut chassé d'icelui[1]

Il y avait en Westphalie[2], dans le château de M. le baron de Thunder-ten-tronckh, un jeune garçon à qui la nature avait donné les mœurs les plus douces. Sa physionomie annonçait son âme. Il avait le jugement assez droit, avec l'esprit le plus simple ; c'est, je crois, pour cette raison qu'on le nommait Candide. Les anciens domestiques de la maison soupçonnaient qu'il était fils de la sœur de monsieur le baron et d'un bon et honnête gentilhomme du voisinage, que cette demoiselle ne voulut jamais épouser parce qu'il n'avait pu prouver que soixante et onze quartiers[3], et que le reste de son arbre généalogique avait été perdu par l'injure du temps.

Monsieur le baron était un des plus puissants seigneurs de la Westphalie, car son château avait une porte et des fenêtres. Sa grande salle même était ornée d'une tapisserie. Tous les chiens de ses basses-cours composaient une meute dans le besoin ; ses palefreniers étaient ses piqueurs[4] ; le vicaire du village était son grand aumônier[5]. Ils l'appelaient tous monseigneur, et ils riaient quand il faisait des contes.

Madame la baronne, qui pesait environ trois cent cinquante livres[6], s'attirait par là une très grande considération, et faisait les honneurs de la maison avec une dignité qui la rendait encore plus respectable. Sa fille Cunégonde, âgée de dix-sept ans, était haute en couleur, fraîche, grasse, appétissante. Le fils du baron paraissait en tout

L'optimisme

Ce mot provient du latin (*optimus*, le meilleur). Il n'a alors pas encore le sens courant actuel qui désigne l'attitude psychologique consistant à privilégier le bon côté des choses. Au XVIIIe siècle, il désigne exclusivement la doctrine philosophique de Leibniz (voir Contextes, p. 6), selon laquelle nous vivons dans le meilleur des mondes possibles.
Pangloss est son représentant burlesque dans le récit. ■

1. Celui-ci.
2. Province d'Allemagne.
3. Quartiers de noblesse (ascendants prouvant la noblesse).
4. Le palefrenier soigne les chevaux ; le piqueur suit les chiens pendant la chasse à courre.
5. Le vicaire est le curé adjoint d'un village ; le grand aumônier est un prêtre attaché à la personne d'un prince.
6. Une livre ≈ 500 g.

digne de son père. Le précepteur Pangloss était l'oracle[1] de la maison, et le petit Candide écoutait ses leçons avec toute la bonne foi de son âge et de son caractère.

Pangloss enseignait la métaphysico-théologo-cosmolonigologie. Il prouvait admirablement qu'il n'y a point d'effet sans cause, et que, dans ce meilleur des mondes possibles, le château de monseigneur le baron était le plus beau des châteaux et madame la meilleure des baronnes possibles.

« Il est démontré, disait-il, que les choses ne peuvent être autrement : car, tout étant fait pour une fin, tout est nécessairement pour la meilleure fin. Remarquez bien que les nez ont été faits pour porter des lunettes, aussi avons-nous des lunettes. Les jambes sont visiblement instituées pour être chaussées, et nous avons des chausses. Les pierres ont été formées pour être taillées, et pour en faire des châteaux, aussi monseigneur a un très beau château ; le plus grand baron de la province doit être le mieux logé ; et, les cochons étant faits pour être mangés, nous mangeons du porc toute l'année : par conséquent, ceux qui ont avancé que tout est bien ont dit une sottise ; il fallait dire que tout est au mieux. »

Candide écoutait attentivement, et croyait innocemment ; car il trouvait Mlle Cunégonde extrêmement belle, quoiqu'il ne prît jamais la hardiesse de le lui dire. Il concluait qu'après le bonheur d'être né baron de Thunder-ten-tronckh, le second degré de bonheur était d'être Mlle Cunégonde ; le troisième, de la voir tous les jours ; et le quatrième, d'entendre maître Pangloss, le plus grand philosophe de la province, et par conséquent de toute la terre.

Le meilleur des mondes possibles

La théorie de Leibniz s'attache à démontrer que Dieu a créé, non pas un monde parfait, mais le monde le meilleur possible. Leibniz relativise ainsi l'idée du mal, en montrant que ce dernier n'existe que parce qu'il est au service d'un bien supérieur.
Pangloss ne cesse de raisonner de cette façon, au milieu des pires catastrophes. ■

1. Personne dont la parole fait autorité.

Un jour, Cunégonde, en se promenant auprès du château, dans le petit bois qu'on appelait *parc*, vit entre des broussailles le docteur Pangloss qui donnait une leçon de physique expérimentale à la femme de chambre de sa mère, petite brune très jolie et très docile. Comme Mlle Cunégonde avait beaucoup de dispositions pour les sciences, elle observa, sans souffler, les expériences réitérées dont elle fut témoin ; elle vit clairement la raison suffisante[2] du docteur, les effets et les causes, et s'en retourna toute agitée, toute pensive, toute remplie du désir d'être savante, songeant qu'elle pourrait bien être la raison suffisante du jeune Candide, qui pouvait aussi être la sienne.

Elle rencontra Candide en revenant au château, et rougit ; Candide rougit aussi ; elle lui dit bonjour d'une voix entrecoupée, et Candide lui parla sans savoir ce qu'il disait. Le lendemain après le dîner, comme on sortait de table, Cunégonde et Candide se trouvèrent derrière un paravent ; Cunégonde laissa tomber son mouchoir, Candide le ramassa, elle lui prit innocemment la main, le jeune homme baisa innocemment la main de la jeune demoiselle avec une vivacité, une sensibilité, une grâce toute particulière ; leurs bouches se rencontrèrent, leurs yeux s'enflammèrent, leurs genoux tremblèrent, leurs mains s'égarèrent. M. le baron de Thunder-ten-tronckh passa auprès du paravent, et voyant cette cause et cet effet, chassa Candide du château à grands coups de pied dans le derrière ; Cunégonde s'évanouit ; elle fut souffletée[3] par madame la baronne dès qu'elle fut revenue à elle-même ; et tout fut consterné[4] dans le plus beau et le plus agréable des châteaux possibles.

La philosophie de Pangloss

Son raisonnement se fonde sur l'idée que chaque chose ou réalité existe en vue d'un but : ainsi, nous avons des yeux pour voir. Ce mode de raisonnement s'oppose à la causalité scientifique moderne, qui prévaut à partir du XVIIe siècle, et selon laquelle chaque chose ou réalité découle d'une cause antérieure : ainsi, nous voyons parce que nous avons des yeux. Pangloss utilise les causes finales pour montrer que le monde est gouverné par le principe selon lequel « tout est au mieux ». ■

2. Principe de Leibniz, dont se moque Voltaire, qui consiste à affirmer que rien n'existe sans qu'il y ait une cause déterminante qui en rende compte.
3. Giflée.
4. Bouleversé.

Chapitre II

Ce que devint Candide parmi les Bulgares

CANDIDE, CHASSÉ DU PARADIS TERRESTRE, marcha longtemps sans savoir où, pleurant, levant les yeux au ciel, les tournant souvent vers le plus beau des châteaux qui renfermait la plus belle des baronnettes ; il se coucha sans souper au milieu des champs entre deux sillons ; la neige tombait à gros flocons. Candide, tout transi, se traîna le lendemain vers la ville voisine, qui s'appelle Valdberghoff-trarbk-dikdorff, n'ayant point d'argent, mourant de faim et de lassitude. Il s'arrêta tristement à la porte d'un cabaret. Deux hommes habillés de bleu[1] le remarquèrent : « Camarade, dit l'un, voilà un jeune homme très bien fait, et qui a la taille requise. » Ils s'avancèrent vers Candide et le prièrent à dîner très civilement. « Messieurs, leur dit Candide avec une modestie charmante, vous me faites beaucoup d'honneur, mais je n'ai pas de quoi payer mon écot[2]. – Ah ! monsieur, lui dit un des bleus, les personnes de votre figure et de votre mérite ne payent jamais rien : n'avez-vous pas cinq pieds cinq pouces de haut[3] ? – Oui, messieurs, c'est ma taille, dit-il en faisant la révérence. – Ah ! monsieur, mettez-vous à table ; non seulement nous vous défrayerons[4], mais nous ne souffrirons jamais qu'un homme comme vous manque d'argent ; les hommes ne sont faits que pour se secourir les uns les autres. – Vous avez raison, dit Candide : c'est ce que M. Pangloss m'a toujours dit, et je vois bien que tout est au mieux. » On le prie d'accepter quelques écus, il les prend et veut faire son billet[5] ; on n'en veut point, on se met à table : « N'aimez-

1. Couleur de l'uniforme prussien (les deux hommes sont des recruteurs de l'armée).
2. Ma part.
3. Un pied ≈ 33 cm ; un pouce ≈ 2,7 cm. Candide mesure donc environ 1,80 m.
4. Nous payerons vos frais.
5. Signer une reconnaissance de dette.

vous pas tendrement ?… – Oh ! oui, répondit-il, j'aime tendrement Mlle Cunégonde. – Non, dit l'un de ces messieurs, nous vous demandons si vous n'aimez pas tendrement le roi des Bulgares[6]. – Point du tout, dit-il, car je ne l'ai jamais vu. – Comment ! c'est le plus charmant des rois, et il faut boire à sa santé. – Oh ! très volontiers, messieurs » ; et il boit. « C'en est assez, lui dit-on, vous voilà l'appui, le soutien, le défenseur, le héros des Bulgares ; votre fortune est faite, et votre gloire est assurée. » On lui met sur-le-champ les fers aux pieds, et on le mène au régiment. On le fait tourner à droite, à gauche, hausser la baguette[7], remettre la baguette, coucher en joue[8], tirer, doubler le pas, et on lui donne trente coups de bâton ; le lendemain il fait l'exercice un peu moins mal, et il ne reçoit que vingt coups ; le surlendemain on ne lui en donne que dix, et il est regardé par ses camarades comme un prodige.

Candide, tout stupéfait, ne démêlait pas encore trop bien comment il était un héros. Il s'avisa un beau jour de printemps de s'aller promener, marchant tout droit devant lui, croyant que c'était un privilège de l'espèce humaine, comme de l'espèce animale, de se servir de ses jambes à son plaisir. Il n'eut pas fait deux lieues[9] que voilà quatre autres héros de six pieds qui l'atteignent, qui le lient, qui le mènent dans un cachot[10]. On lui demanda juridiquement ce qu'il aimait le mieux d'être fustigé[11] trente-six fois par tout le régiment, ou de recevoir à la fois douze balles de plomb dans la cervelle. Il eut beau dire que les volontés sont libres ; et qu'il ne voulait ni l'un ni l'autre, il fallut faire un choix ; il se détermina, en vertu du don de Dieu qu'on nomme *liberté*, à passer trente-six fois par les

6. Allusion probable à Frédéric II de Prusse.
7. Tige de métal servant à charger le fusil.
8. Viser.
9. Environ 8 km.
10. Candide est accusé de désertion.
11. Fouetté.

baguettes ; il essuya deux promenades[1]. Le régiment était composé de deux mille hommes ; cela lui composa quatre mille coups de baguette, qui, depuis la nuque du cou jusqu'au cul, lui découvrirent les muscles et les nerfs. Comme on allait procéder à la troisième course, Candide, n'en pouvant plus, demanda en grâce qu'on voulût bien avoir la bonté de lui casser la tête ; il obtint cette faveur ; on lui bande les yeux, on le fait mettre à genoux. Le roi des Bulgares passe dans ce moment, s'informe du crime du patient ; et comme ce roi avait un grand génie, il comprit, par tout ce qu'il apprit de Candide, que c'était un jeune métaphysicien, fort ignorant des choses de ce monde, et il lui accorda sa grâce avec une clémence qui sera louée dans tous les journaux et dans tous les siècles. Un brave chirurgien guérit Candide en trois semaines avec les émollients[2] enseignés par Dioscoride[3]. Il avait déjà un peu de peau et pouvait marcher, quand le roi des Bulgares livra bataille au roi des Abares[4].

Voltaire et la métaphysique

La métaphysique est la partie de la philosophie qui étudie les principes premiers : Dieu, l'âme, etc. Voltaire la considère comme inutile parce qu'inaccessible à notre raison. Il a ainsi choisi de l'incarner dans le personnage de Pangloss, pour s'en moquer. ■

Chapitre III

Comment Candide se sauva d'entre les Bulgares, et ce qu'il devint

RIEN N'ÉTAIT SI BEAU, SI LESTE[5], si brillant, si bien ordonné que les deux armées. Les trompettes, les fifres, les hautbois, les tambours, les canons, formaient une harmonie telle qu'il n'y en eut jamais en enfer. Les canons renversèrent d'abord à peu près six mille hommes de

1. Passages de l'ensemble des soldats, qui fouettent Candide à chaque fois.
2. Remèdes adoucissants qui relâchent les tissus.
3. Médecin grec du Ier siècle ap. J.-C.
4. Allusion probable à Louis XV, adversaire de Frédéric II pendant la guerre de Sept Ans.
5. Agile.

chaque côté ; ensuite la mousqueterie[6] ôta du meilleur des mondes environ neuf à dix mille coquins qui en infectaient la surface. La baïonnette fut aussi la raison suffisante de la mort de quelques milliers d'hommes. Le tout pouvait bien se monter à une trentaine de mille âmes. Candide, qui tremblait comme un philosophe, se cacha du mieux qu'il put pendant cette boucherie héroïque.

Enfin, tandis que les deux rois faisaient chanter des *Te Deum*[7] chacun dans son camp, il prit le parti d'aller raisonner ailleurs des effets et des causes. Il passa par-dessus des tas de morts et de mourants, et gagna d'abord un village voisin ; il était en cendres : c'était un village abare que les Bulgares avaient brûlé, selon les lois du droit public[8]. Ici des vieillards criblés de coups regardaient mourir leurs femmes égorgées, qui tenaient leurs enfants à leurs mamelles sanglantes ; là des filles éventrées après avoir assouvi les besoins naturels de quelques héros rendaient les derniers soupirs ; d'autres, à demi brûlées, criaient qu'on achevât de leur donner la mort. Des cervelles étaient répandues sur la terre à côté de bras et de jambes coupés.

Candide s'enfuit au plus vite dans un autre village : il appartenait à des Bulgares, et des héros abares l'avaient traité de même. Candide, toujours marchant sur des membres palpitants ou à travers des ruines, arriva enfin hors du théâtre de la guerre, portant quelques petites provisions dans son bissac[9], et n'oubliant jamais Mlle Cunégonde. Ses provisions lui manquèrent quand il fut en Hollande ; mais ayant entendu dire que tout le monde était riche dans ce pays-là, et qu'on y était chrétien, il ne douta pas qu'on ne le traitât aussi bien qu'il l'avait été dans le château

Abares et Bulgares

L'évocation de ces deux peuples d'Europe orientale fait référence à la France (les Abares), engagée dans les horreurs de la guerre de Sept Ans (voir Contextes, p. 5), et à la Prusse (les Bulgares), dont le roi Frédéric II a modernisé l'armée en instaurant une discipline militaire extrêmement stricte. ■

6. Les hommes armés de fusils (mousquets).
7. Cantiques que l'on chantait pour remercier Dieu d'une victoire militaire.
8. Équivalent de notre droit international.
9. Grand sac.

de monsieur le baron avant qu'il en eût été chassé pour les beaux yeux de Mlle Cunégonde.

Il demanda l'aumône à plusieurs graves personnages, qui lui répondirent tous que, s'il continuait à faire ce métier, on l'enfermerait dans une maison de correction pour lui apprendre à vivre[1].

Il s'adressa ensuite à un homme qui venait de parler tout seul une heure de suite sur la charité dans une grande assemblée. Cet orateur, le regardant de travers, lui dit : « Que venez-vous faire ici ? y êtes-vous pour la bonne cause ? – Il n'y a point d'effet sans cause, répondit modestement Candide, tout est enchaîné nécessairement et arrangé pour le mieux. Il a fallu que je fusse chassé d'auprès de Mlle Cunégonde, que j'aie passé par les baguettes, et il faut que je demande mon pain jusqu'à ce que je puisse en gagner ; tout cela ne pouvait être autrement. – Mon ami, lui dit l'orateur, croyez-vous que le pape soit l'Antéchrist ? – Je ne l'avais pas encore entendu dire, répondit Candide ; mais qu'il le soit ou qu'il ne le soit pas, je manque de pain. – Tu ne mérites pas d'en manger, dit l'autre ; va, coquin, va, misérable, ne m'approche de ta vie. » La femme de l'orateur, ayant mis la tête à la fenêtre et avisant un homme qui doutait que le pape fût antéchrist, lui répandit sur le chef un plein… Ô ciel ! à quel excès se porte le zèle de la religion dans les dames !

Un homme qui n'avait point été baptisé, un bon anabaptiste[2], nommé Jacques, vit la manière cruelle et ignominieuse dont on traitait ainsi un de ses frères, un être à deux pieds sans plumes, qui avait une âme[3] ; il l'amena chez lui, le nettoya, lui donna du pain et de la bière, lui fit présent de deux florins[4], et voulut même lui apprendre à

1. Vagabondage et mendicité étaient à l'époque réprimés.
2. Mouvement protestant qui refusait le baptême des enfants, prônant un baptême à l'âge adulte.
3. Allusion à Platon, qui avait défini l'homme comme un animal à deux pieds sans plumes, et à Diogène, qui avait répondu en jetant un poulet déplumé au milieu de l'assemblée.
4. Monnaie d'or hollandaise.

travailler dans ses manufactures aux étoffes de Perse qu'on fabrique en Hollande. Candide, se prosternant presque devant lui, s'écriait : « Maître Pangloss me l'avait bien dit que tout est au mieux dans ce monde, car je suis infiniment plus touché de votre extrême générosité que de la dureté de ce monsieur à manteau noir et de madame son épouse. »

Le lendemain, en se promenant, il rencontra un gueux tout couvert de pustules, les yeux morts, le bout du nez rongé, la bouche de travers, les dents noires, et parlant de la gorge, tourmenté d'une toux violente et crachant une dent à chaque effort.

Chapitre IV

Comment Candide rencontra son ancien maître de philosophie, le docteur Pangloss, et ce qui en advint

CANDIDE, PLUS ÉMU ENCORE de compassion que d'horreur, donna à cet épouvantable gueux les deux florins qu'il avait reçus de son honnête anabaptiste Jacques. Le fantôme le regarda fixement, versa des larmes, et sauta à son cou. Candide, effrayé, recule. « Hélas ! dit le misérable à l'autre misérable, ne reconnaissez-vous plus votre cher Pangloss ? – Qu'entends-je ? Vous, mon cher maître ! vous, dans cet état horrible ! Quel malheur vous est-il donc arrivé ? Pourquoi n'êtes-vous plus dans le plus beau des châteaux ? Qu'est devenue Mlle Cunégonde, la perle des filles, le chef-d'œuvre de la nature ? – Je n'en peux plus », dit Pangloss. Aussitôt Candide le mena dans l'étable de l'anabaptiste, où il lui fit manger un peu de pain ; et quand Pangloss fut refait : « Eh bien ! lui dit-il, Cunégonde ? – Elle est morte », reprit l'autre. Candide s'évanouit à ce mot ; son ami rappela ses sens avec un peu de mauvais vinaigre qui se trouva par hasard dans l'étable. Candide rouvre les yeux. « Cunégonde est morte ! Ah ! meilleur des mondes, où êtes-vous ? Mais de quelle maladie est-elle morte ? ne serait-ce point de m'avoir vu chasser du beau château de monsieur son père à grands coups de pied ? – Non, dit Pangloss ; elle a été éventrée par des soldats bulgares, après avoir été violée autant qu'on peut l'être ; ils ont cassé la tête à monsieur le baron qui voulait la défendre ; madame la baronne a été coupée en morceaux ; mon pauvre pupille[1], traité précisément comme sa sœur ; et quant au château, il n'est pas resté pierre sur pierre, pas une grange, pas un mouton, pas un canard, pas un arbre ; mais nous avons été bien vengés, car les Abares en ont fait autant dans une baronnie voisine qui appartenait à un seigneur bulgare. »

À ce discours, Candide s'évanouit encore ; mais revenu à soi, et ayant dit tout ce qu'il devait dire, il s'enquit de la cause et de l'effet, et de la raison suffisante qui avait mis Pangloss dans un si piteux état. « Hélas ! dit l'autre, c'est l'amour ; l'amour, le consolateur du genre humain, le conservateur de l'univers, l'âme de tous les êtres sensibles, le tendre amour. – Hélas ! dit Candide, je l'ai connu, cet amour, ce souverain des cœurs, cette âme de notre âme ; il ne m'a jamais valu qu'un baiser et vingt coups de pied au cul. Comment cette belle cause a-t-elle pu produire en vous un effet si abominable ? »

1. Élève.

Pangloss répondit en ces termes : « Ô mon cher Candide ! vous avez connu Paquette, cette jolie suivante de notre auguste baronne ; j'ai goûté dans ses bras les délices du paradis, qui ont produit ces tourments d'enfer dont vous me voyez dévoré ; elle en était infectée[2], elle en est peut-être morte. Paquette tenait ce présent d'un cordelier[3] très savant, qui avait remonté à la source ; car il l'avait eue d'une vieille comtesse, qui l'avait reçue d'un capitaine de cavalerie, qui la devait à une marquise, qui la tenait d'un page, qui l'avait reçue d'un jésuite, qui, étant novice, l'avait eue en droite ligne d'un des compagnons de Christophe Colomb. Pour moi, je ne la donnerai à personne, car je me meurs.

– Ô Pangloss ! s'écria Candide, voilà une étrange généalogie ! n'est-ce pas le diable qui en fut la souche ?
– Point du tout, répliqua ce grand homme ; c'était une chose indispensable dans le meilleur des mondes, un ingrédient nécessaire ; car si Colomb n'avait pas attrapé, dans une île de l'Amérique, cette maladie qui empoisonne la source de la génération[4], qui souvent même empêche la génération, et qui est évidemment l'opposé du grand but de la nature, nous n'aurions ni le chocolat ni la cochenille[5] ; il faut encore observer que jusqu'aujourd'hui, dans notre continent, cette maladie nous est particulière, comme la controverse[6]. Les Turcs, les Indiens, les Persans, les Chinois, les Siamois, les Japonais, ne la connaissent pas encore ; mais il y a une raison suffisante pour qu'ils la connaissent à leur tour dans quelques siècles. En attendant, elle a fait un merveilleux progrès parmi nous, et surtout dans ces grandes armées composées d'honnêtes stipendiaires[7], bien élevés, qui décident du destin des

2. Paquette avait la vérole, ou syphilis, grave maladie sexuellement transmissible.
3. Moine.
4. Le sexe.
5. Insecte dont on tirait le carmin (couleur rouge foncé).
6. Débat théologique sur la doctrine chrétienne.
7. Mercenaires.

États ; on peut assurer que, quand trente mille hommes combattent en bataille rangée contre des troupes égales en nombre, il y a environ vingt mille vérolés de chaque côté.

– Voilà qui est admirable, dit Candide, mais il faut vous faire guérir. – Et comment le puis-je ? dit Pangloss ; je n'ai pas le sou, mon ami ; et dans toute l'étendue de ce globe, on ne peut ni se faire saigner ni prendre un lavement sans payer, ou sans qu'il y ait quelqu'un qui paye pour nous. »

Ce dernier discours détermina Candide ; il alla se jeter aux pieds de son charitable anabaptiste Jacques, et lui fit une peinture si touchante de l'état où son ami était réduit que le bonhomme n'hésita pas à recueillir le docteur Pangloss ; il le fit guérir à ses dépens[1]. Pangloss, dans la cure, ne perdit qu'un œil et une oreille. Il écrivait bien et savait parfaitement l'arithmétique. L'anabaptiste Jacques en fit son teneur de livres[2]. Au bout de deux mois, étant obligé d'aller à Lisbonne pour les affaires de son commerce, il mena dans son vaisseau ses deux philosophes. Pangloss lui expliqua comment tout était on ne peut mieux. Jacques n'était pas de cet avis. « Il faut bien, disait-il, que les hommes aient un peu corrompu la nature, car ils ne sont point nés loups, et ils sont devenus loups[3]. Dieu ne leur a donné ni canon de vingt-quatre[4] ni baïonnettes, et ils se sont fait des baïonnettes et des canons pour se détruire. Je pourrais mettre en ligne de compte les banqueroutes[5], et la justice qui s'empare des biens des banqueroutiers pour en frustrer les créanciers. – Tout cela était indispensable, répliquait le docteur borgne, et les malheurs particuliers font le bien général, de sorte que plus il y a de malheurs particuliers, et plus tout est bien. »

1. À ses frais.
2. Comptable.
3. Allusion au philosophe anglais Hobbes, qui affirme que « l'homme est un loup pour l'homme ».
4. Diamètre du canon.
5. Faillites.

Tandis qu'il raisonnait, l'air s'obscurcit, les vents soufflèrent des quatre coins du monde et le vaisseau fut assailli de la plus horrible tempête à la vue du port de Lisbonne.

Chapitre V

Tempête, naufrage, tremblement de terre, et ce qui advint du docteur Pangloss, de Candide et de l'anabaptiste Jacques

LA MOITIÉ DES PASSAGERS, AFFAIBLIS, expirants de ces angoisses inconcevables que le roulis d'un vaisseau porte dans les nerfs et dans toutes les humeurs[6] du corps agitées en sens contraires, n'avait pas même la force de s'inquiéter du danger. L'autre moitié jetait des cris et faisait des prières ; les voiles étaient déchirées, les mâts brisés, le vaisseau entrouvert. Travaillait qui pouvait, personne ne s'entendait, personne ne commandait. L'anabaptiste aidait un peu à la manœuvre ; il était sur le tillac[7] ; un matelot furieux le frappe rudement et l'étend sur les planches ; mais du coup qu'il lui donna il eut lui-même une si violente secousse qu'il tomba hors du vaisseau la tête la première. Il restait suspendu et accroché à une partie de mât rompue. Le bon Jacques court à son secours, l'aide à remonter, et de l'effort qu'il fit il est précipité dans la mer à la vue du matelot, qui le laissa périr, sans daigner seulement le regarder. Candide approche, voit son bienfaiteur qui reparaît un moment et qui est englouti pour jamais. Il veut se jeter après lui dans la mer ; le philosophe Pangloss l'en empêche, en lui prouvant que la rade de

6. Liquides du corps humain, selon la médecine ancienne.
7. Pont supérieur d'un navire.

Lisbonne avait été formée exprès pour que cet anabaptiste s'y noyât. Tandis qu'il le prouvait *a priori*[1], le vaisseau s'entrouvre, tout périt à la réserve de Pangloss, de Candide, et de ce brutal de matelot qui avait noyé le vertueux anabaptiste ; le coquin nagea heureusement[2] jusqu'au rivage où Pangloss et Candide furent portés sur une planche.

Quand ils furent revenus un peu à eux, ils marchèrent vers Lisbonne ; il leur restait quelque argent, avec lequel ils espéraient se sauver de la faim après avoir échappé à la tempête.

À peine ont-ils mis le pied dans la ville en pleurant la mort de leur bienfaiteur, qu'ils sentent la terre trembler sous leurs pas ; la mer s'élève en bouillonnant dans le port, et brise les vaisseaux qui sont à l'ancre. Des tourbillons de flammes et de cendres couvrent les rues et les places publiques ; les maisons s'écroulent, les toits sont renversés sur les fondements, et les fondements se dispersent ; trente mille habitants de tout âge et de tout sexe sont écrasés sous des ruines. Le matelot disait en sifflant et en jurant : « Il y aura quelque chose à gagner ici. – Quelle peut être la raison suffisante de ce phénomène ? disait Pangloss. – Voici le dernier jour du monde ! » s'écriait Candide. Le matelot court incontinent[3] au milieu des débris, affronte la mort pour trouver de l'argent, en trouve, s'en empare, s'enivre, et, ayant cuvé son vin, achète les faveurs de la première fille de bonne volonté qu'il rencontre sur les ruines des maisons détruites et au milieu des mourants et des morts. Pangloss le tirait cependant par la manche. « Mon ami, lui disait-il, cela n'est pas bien, vous manquez à la raison universelle, vous prenez

Séisme à Lisbonne

Survenu le 1er novembre 1755, le séisme qui détruisit la ville de Lisbonne est sans doute l'un des plus violents de l'histoire. Il déclencha en Europe une vague de réactions très diverses, et une prise de conscience des populations, qui s'interrogèrent alors sur la question du mal : pourquoi cette tragédie, quel sens lui donner et quelles responsabilités établir ? (Voir Question d'actualité, p. 165). ■

1. Sans recourir à l'expérience.
2. Avec succès.
3. Immédiatement.

mal votre temps. – Tête et sang[4] ! répondit l'autre, je suis matelot et né à Batavia[5] ; j'ai marché quatre fois sur le crucifix dans quatre voyages au Japon[6] ; tu as bien trouvé ton homme avec ta raison universelle ! »

Quelques éclats de pierre avaient blessé Candide ; il était étendu dans la rue et couvert de débris. Il disait à Pangloss : « Hélas ! procure-moi un peu de vin et d'huile ; je me meurs. – Ce tremblement de terre n'est pas une chose nouvelle, répondit Pangloss ; la ville de Lima éprouva les mêmes secousses en Amérique l'année passée ; mêmes causes, mêmes effets : il y a certainement une traînée de soufre sous terre depuis Lima jusqu'à Lisbonne. – Rien n'est plus probable, dit Candide ; mais, pour Dieu, un peu d'huile et de vin. – Comment, probable ? répliqua le philosophe ; je soutiens que la chose est démontrée. » Candide perdit connaissance, et Pangloss lui apporta un peu d'eau d'une fontaine voisine.

Le lendemain, ayant trouvé quelques provisions de bouche en se glissant à travers des décombres, ils réparèrent un peu leurs forces. Ensuite, ils travaillèrent comme les autres à soulager les habitants échappés à la mort. Quelques citoyens secourus par eux leur donnèrent un aussi bon dîner qu'on le pouvait dans un tel désastre. Il est vrai que le repas était triste ; les convives arrosaient leur pain de leurs larmes ; mais Pangloss les consola en les assurant que les choses ne pouvaient être autrement : « Car, dit-il, tout ceci est ce qu'il y a de mieux. Car, s'il y a un volcan[7] à Lisbonne, il ne pouvait être ailleurs. Car il est impossible que les choses ne soient pas où elles sont. Car tout est bien. »

Un petit homme noir, familier de l'Inquisition[8], lequel était à côté de lui, prit poliment la parole et dit :

4. Juron.
5. Ancien nom de Djakarta, capitale de l'Indonésie.
6. Le Japon exigeait des Occidentaux qui voulaient commercer avec eux qu'ils renoncent au christianisme, en marchant sur des crucifix.
7. Les séismes étaient alors attribués à l'existence de volcans souterrains.
8. Tribunal ecclésiastique qui pourchassait les hérétiques (ceux qui soutenaient une doctrine condamnée par l'Église).

« Apparemment que monsieur ne croit pas au péché originel ; car, si tout est au mieux, il n'y a donc eu ni chute ni punition.

– Je demande très humblement pardon à Votre Excellence, répondit Pangloss encore plus poliment, car la chute de l'homme et la malédiction entraient nécessairement dans le meilleur des mondes possibles. – Monsieur ne croit donc pas à la liberté ? dit le familier. – Votre Excellence m'excusera, dit Pangloss ; la liberté peut subsister avec la nécessité absolue ; car il était nécessaire que nous fussions libres ; car enfin la volonté déterminée... » Pangloss était au milieu de sa phrase, quand le familier fit un signe de tête à son estafier[1] qui lui servait à boire du vin de Porto, ou d'Oporto[2].

Chapitre VI

Comment on fit un bel auto-da-fé pour empêcher les tremblements de terre, et comment Candide fut fessé

APRÈS LE TREMBLEMENT DE TERRE qui avait détruit les trois quarts de Lisbonne, les sages du pays n'avaient pas trouvé un moyen plus efficace pour prévenir une ruine totale que de donner au peuple un bel auto-da-fé ; il était décidé par l'université de Coïmbre[3] que le spectacle de quelques personnes brûlées à petit feu, en grande cérémonie, est un secret infaillible pour empêcher la terre de trembler.

On avait en conséquence saisi un Biscayen[4] convaincu d'avoir épousé sa commère[5], et deux Portugais qui en man-

1. Valet qui portait le manteau et les armes de son maître.
2. Nom donné à la ville de Porto par les Britanniques.
3. Ville du Portugal.
4. Habitant de la province basque de Biscaye.
5. La coutume interdisait le mariage entre le parrain et la marraine (la commère) d'un même enfant.

Ci-contre : *La Pendaison de Pangloss*, illustration de Gus Bofa, 1932.

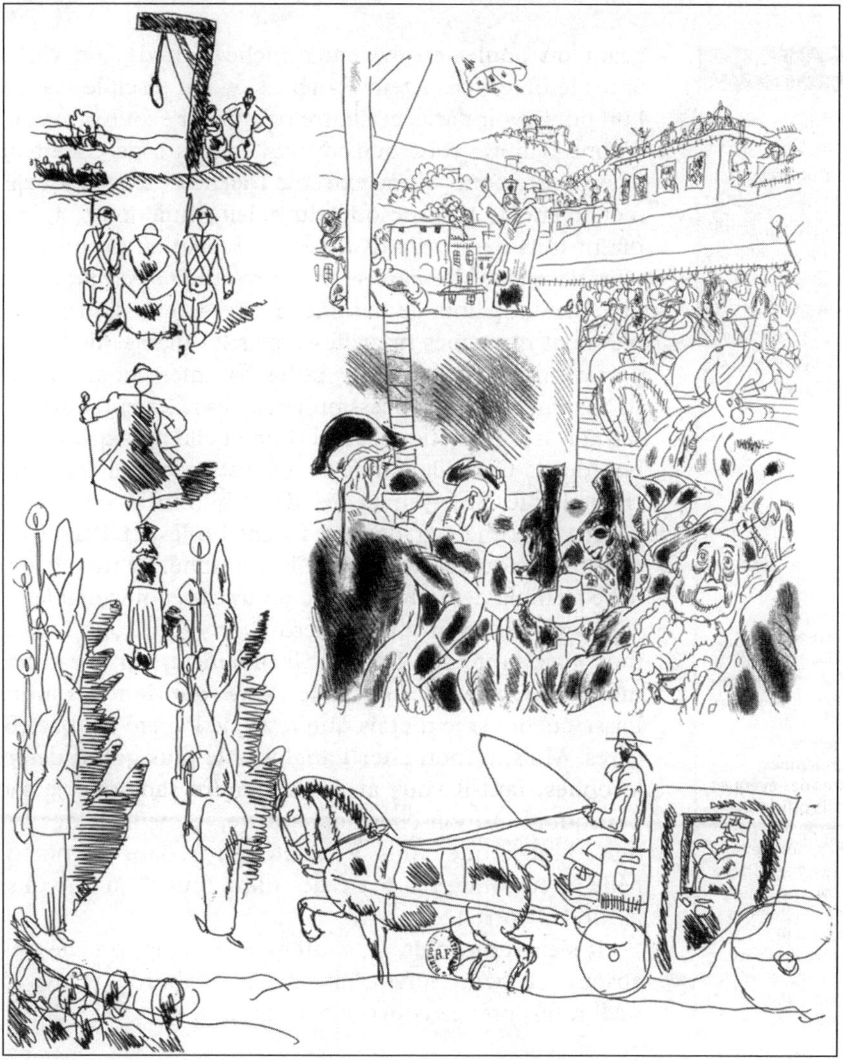

geant un poulet en avaient arraché le lard[1] : on vint lier après le dîner le docteur Pangloss et son disciple Candide, l'un pour avoir parlé, et l'autre pour avoir écouté avec un air d'approbation : tous deux furent menés séparément dans des appartements d'une extrême fraîcheur, dans lesquels on n'était jamais incommodé du soleil ; huit jours après ils furent tous deux revêtus d'un *san-benito*[2], et on orna leurs têtes de mitres[3] de papier : la mitre et le *san-benito* de Candide étaient peints de flammes renversées et de diables qui n'avaient ni queues ni griffes ; mais les diables de Pangloss portaient griffes et queues, et les flammes étaient droites[4]. Ils marchèrent en procession ainsi vêtus, et entendirent un sermon très pathétique, suivi d'une belle musique en faux-bourdon[5]. Candide fut fessé en cadence, pendant qu'on chantait ; le Biscayen et les deux hommes qui n'avaient point voulu manger de lard furent brûlés, et Pangloss fut pendu, quoique ce ne soit pas la coutume. Le même jour la terre trembla de nouveau avec un fracas épouvantable.

Candide, épouvanté, interdit[6], éperdu, tout sanglant, tout palpitant, se disait à lui-même : « Si c'est ici le meilleur des mondes possibles, que sont donc les autres ? Passe encore si je n'étais que fessé, je l'ai été chez les Bulgares. Mais, ô mon cher Pangloss ! le plus grand des philosophes, faut-il vous avoir vu pendre sans que je sache pourquoi ! Ô mon cher anabaptiste, le meilleur des hommes, faut-il que vous ayez été noyé dans le port ! Ô Mlle Cunégonde ! la perle des filles, faut-il qu'on vous ait fendu le ventre ! »

Il s'en retournait, se soutenant à peine, prêché, fessé, absous et béni, lorsqu'une vieille l'aborda et lui dit : « Mon fils, prenez courage, suivez-moi. »

Le bel autodafé

L'expression, d'origine portugaise, vient du latin *actus fidei* qui signifie littéralement « acte de foi ». Avec ironie, Voltaire évoque ici la cérémonie au cours de laquelle les hérétiques font acte de foi en subissant un châtiment décidé par l'Inquisition. Ce terme est devenu plus tard synonyme de « supplice du feu ». ■

1. Geste suspect d'appartenance au judaïsme, religion interdite en Espagne et au Portugal au XVIIIe siècle.
2. Veste jaune des condamnés.
3. Coiffures des évêques quand ils officient.
4. La position des flammes indique le degré de gravité de la faute commise : les flammes redressées signifient une condamnation à mort.
5. Chant d'église à plusieurs voix.
6. Stupéfait.

Chapitre VII

Comment une vieille prit soin de Candide, et comment il retrouva ce qu'il aimait

CANDIDE NE PRIT POINT COURAGE, mais il suivit la vieille dans une masure[7] ; elle lui donna un pot de pommade pour se frotter, lui laissa à manger et à boire ; elle lui montra un petit lit assez propre ; il y avait auprès du lit un habit complet. « Mangez, buvez, dormez, lui dit-elle, et que Notre-Dame d'Atocha[8], Mgr saint Antoine de Padoue et Mgr saint Jacques de Compostelle[9] prennent soin de vous : je reviendrai demain. » Candide, toujours étonné[10] de tout ce qu'il avait vu, de tout ce qu'il avait souffert, et encore plus de la charité de la vieille, voulut lui baiser la main. « Ce n'est pas ma main qu'il faut baiser, dit la vieille ; je reviendrai demain. Frottez-vous de pommade, mangez et dormez. »

Candide, malgré tant de malheurs, mangea et dormit. Le lendemain la vieille lui apporte à déjeuner, visite son dos, le frotte elle-même d'une autre pommade ; elle lui apporte ensuite à dîner ; elle revient sur le soir, et apporte à souper. Le surlendemain elle fit encore les mêmes cérémonies. « Qui êtes-vous ? lui disait toujours Candide ; qui vous a inspiré tant de bonté ? quelles grâces[11] puis-je vous rendre ? » La bonne femme ne répondait jamais rien ; elle revint sur le soir et n'apporta point à souper. « Venez avec moi, dit-elle, et ne dites mot. » Elle le prend sous le bras, et marche avec lui dans la campagne environ un quart de mille[12] : ils arrivent à une maison isolée, entourée de jardins et de canaux. La vieille frappe à une petite porte. On

7. Maison délabrée.
8. Vierge.
9. Figures de saints protecteurs.
10. Plongé dans la stupeur (sens fort au XVIIIe siècle).
11. Remerciements.
12. Environ 450 mètres.

ouvre ; elle mène Candide, par un escalier dérobé, dans un cabinet doré, le laisse sur un canapé de brocart[1], referme la porte, et s'en va. Candide croyait rêver, et regardait toute sa vie comme un songe funeste, et le moment présent comme un songe agréable.

La vieille reparut bientôt ; elle soutenait avec peine une femme tremblante, d'une taille majestueuse, brillante de pierreries et couverte d'un voile. « Ôtez ce voile », dit la vieille à Candide. Le jeune homme approche ; il lève le voile d'une main timide. Quel moment ! quelle surprise ! il croit voir Mlle Cunégonde ; il la voyait en effet, c'était elle-même. La force lui manque, il ne peut proférer une parole, il tombe à ses pieds. Cunégonde tombe sur le canapé. La vieille les accable d'eaux spiritueuses[2] ; ils reprennent leurs sens, ils se parlent : ce sont d'abord des mots entrecoupés, des demandes et des réponses qui se croisent, des soupirs, des larmes, des cris. La vieille leur recommande de faire moins de bruit, et les laisse en liberté. « Quoi ! c'est vous, lui dit Candide, vous vivez ! Je vous retrouve en Portugal ! On ne vous a donc pas violée ? On ne vous a point fendu le ventre, comme le philosophe Pangloss me l'avait assuré ? – Si fait, dit la belle Cunégonde ; mais on ne meurt pas toujours de ces deux accidents. – Mais votre père et votre mère ont-ils été tués ? – Il n'est que trop vrai, dit Cunégonde en pleurant. – Et votre frère ? – Mon frère a été tué aussi. – Et pourquoi êtes-vous en Portugal ? et comment avez-vous su que j'y étais ? et par quelle étrange aventure m'avez-vous fait conduire dans cette maison ? – Je vous dirai tout cela, répliqua la dame ; mais il faut auparavant que vous m'appreniez tout ce qui vous est arrivé depuis le baiser

1. Étoffe de soie, d'or ou d'argent.
2. Leur fait boire des liqueurs en grande quantité.

innocent que vous me donnâtes et les coups de pied que vous reçûtes. »

Candide lui obéit avec un profond respect ; et quoiqu'il fût interdit, quoique sa voix fût faible et tremblante, quoique l'échine lui fît encore un peu mal, il lui raconta de la manière la plus naïve tout ce qu'il avait éprouvé depuis le moment de leur séparation. Cunégonde levait les yeux au ciel ; elle donna des larmes à la mort du bon anabaptiste et de Pangloss ; après quoi elle parla en ces termes à Candide, qui ne perdait pas une parole, et qui la dévorait des yeux.

Chapitre VIII

Histoire de Cunégonde

« J'ÉTAIS DANS MON LIT et je dormais profondément, quand il plut au ciel d'envoyer les Bulgares dans notre beau château de Thunder-ten-tronckh ; ils égorgèrent mon père et mon frère, et coupèrent ma mère par morceaux. Un grand Bulgare, haut de six pieds, voyant qu'à ce spectacle j'avais perdu connaissance, se mit à me violer ; cela me fit revenir, je repris mes sens, je criai, je me débattis, je mordis, j'égratignai, je voulais arracher les yeux à ce grand Bulgare, ne sachant pas que tout ce qui arrivait dans le château de mon père était une chose d'usage : le brutal me donna un coup de couteau dans le flanc gauche dont je porte encore la marque. – Hélas ! j'espère bien la voir, dit le naïf Candide. – Vous la verrez, dit Cunégonde ; mais continuons. – Continuez », dit Candide.

Elle reprit ainsi le fil de son histoire : « Un capitaine bulgare entra, il me vit toute sanglante, et le soldat ne se dérangeait pas. Le capitaine se mit en colère du peu de respect que lui témoignait ce brutal, et le tua sur mon corps. Ensuite il me fit panser, et m'emmena prisonnière de guerre dans son quartier. Je blanchissais le peu de chemises qu'il avait, je faisais sa cuisine ; il me trouvait fort jolie, il faut l'avouer ; et je ne nierai pas qu'il ne fût très bien fait, et qu'il n'eût la peau blanche et douce ; d'ailleurs[1] peu d'esprit, peu de philosophie : on voyait bien qu'il n'avait pas été élevé par le docteur Pangloss. Au bout de trois mois, ayant perdu tout son argent et s'étant dégoûté de moi, il me vendit à un Juif nommé don Issacar[2], qui trafiquait en Hollande et en Portugal, et qui aimait passionnément les femmes. Ce Juif s'attacha beaucoup à ma personne, mais il ne pouvait en triompher ; je lui ai mieux résisté qu'au soldat bulgare. Une personne d'honneur peut être violée une fois, mais sa vertu s'en affermit. Le Juif, pour m'apprivoiser, me mena dans cette maison de campagne que vous voyez. J'avais cru jusque-là qu'il n'y avait rien sur la terre de si beau que le château de Thunder-ten-tronckh ; j'ai été détrompée.

« Le grand inquisiteur m'aperçut un jour à la messe, il me lorgna beaucoup, et me fit dire qu'il avait à me parler pour des affaires secrètes. Je fus conduite à son palais ; je lui appris ma naissance ; il me représenta combien il était au-dessous de mon rang d'appartenir à un Israélite. On proposa de sa part à don Issacar de me céder à monseigneur. Don Issacar, qui est le banquier de la cour et

1. Mais par ailleurs.
2. Don Issacar est banquier à la Cour, donc toléré en tant que juif, et a même été anobli.

homme de crédit, n'en voulut rien faire. L'inquisiteur le menaça d'un auto-da-fé. Enfin mon Juif, intimidé, conclut un marché, par lequel la maison et moi leur appartiendraient à tous deux en commun ; que le Juif aurait pour lui les lundis, mercredis et le jour du sabbat[3], et que l'inquisiteur aurait les autres jours de la semaine. Il y a six mois que cette convention subsiste. Ce n'a pas été sans querelles ; car souvent il a été indécis si la nuit du samedi au dimanche appartenait à l'ancienne loi ou à la nouvelle[4]. Pour moi, j'ai résisté jusqu'à présent à toutes les deux, et je crois que c'est pour cette raison que j'ai toujours été aimée.

« Enfin, pour détourner le fléau des tremblements de terre, et pour intimider don Issacar, il plut à monseigneur l'inquisiteur de célébrer un auto-da-fé. Il me fit l'honneur de m'y inviter. Je fus très bien placée ; on servit aux dames des rafraîchissements entre la messe et l'exécution. Je fus, à la vérité, saisie d'horreur en voyant brûler ces deux Juifs et cet honnête Biscayen qui avait épousé sa commère ; mais quelle fut ma surprise, mon effroi, mon trouble, quand je vis, dans un san-benito et sous une mitre, une figure qui ressemblait à celle de Pangloss ! Je me frottai les yeux, je regardai attentivement, je le vis pendre ; je tombai en faiblesse. À peine reprenais-je mes sens que je vous vis dépouillé tout nu : ce fut là le comble de l'horreur, de la consternation, de la douleur, du désespoir. Je vous dirai, avec vérité, que votre peau est encore plus blanche et d'un incarnat[5] plus parfait que celle de mon capitaine des Bulgares. Cette vue redoubla tous les sentiments qui m'accablaient, qui me dévoraient. Je m'écriai, je voulus dire : “Arrêtez, barbares !” mais la voix me manqua, et

Candide et la sexualité

La sexualité est omniprésente dans le conte, mais sous sa forme la plus violente (viols, prostitution, esclavage des femmes) ou la plus négative (infidélité, maladie, vieillissement, enlaidissement).
Cunégonde, à l'origine des malheurs de Candide, le conduira à devenir un meurtrier. ■

3. Le samedi, jour du repos sacré pour les juifs.
4. L'ancienne loi est celle du judaïsme, la nouvelle, celle du christianisme.
5. Couleur rouge clair.

mes cris auraient été inutiles. Quand vous eûtes été bien fessé : “Comment se peut-il faire, disais-je, que l’aimable Candide et le sage Pangloss se trouvent à Lisbonne, l’un pour recevoir cent coups de fouet, et l’autre pour être pendu par l’ordre de monseigneur l’inquisiteur dont je suis la bien-aimée ? Pangloss m’a donc bien cruellement trompée quand il me disait que tout va le mieux du monde.”

« Agitée, éperdue, tantôt hors de moi-même, et tantôt prête de mourir de faiblesse, j’avais la tête remplie du massacre de mon père, de ma mère, de mon frère, de l’insolence de mon vilain soldat bulgare, du coup de couteau qu’il me donna, de ma servitude, de mon métier de cuisinière, de mon capitaine bulgare, de mon vilain don Issacar, de mon abominable inquisiteur, de la pendaison du docteur Pangloss, de ce grand *miserere*[1] en faux-bourdon pendant lequel on vous fessait, et surtout du baiser que je vous avais donné derrière un paravent, le jour que je vous avais vu pour la dernière fois. Je louai Dieu qui vous ramenait à moi par tant d’épreuves. Je recommandai à ma vieille d’avoir soin de vous, et de vous amener ici dès qu’elle le pourrait. Elle a très bien exécuté ma commission ; j’ai goûté le plaisir inexprimable de vous revoir, de vous entendre, de vous parler. Vous devez avoir une faim dévorante ; j’ai grand appétit ; commençons par souper. »

Les voilà qui se mettent tous deux à table ; et après le souper, ils se replacent sur ce beau canapé dont on a déjà parlé ; ils y étaient quand le signor don Issacar, l’un des maîtres de la maison, arriva. C’était le jour du sabbat. Il venait jouir de ses droits, et expliquer son tendre amour.

1. Chant.

Chapitre IX

Ce qui advint de Cunégonde, de Candide, du grand inquisiteur et d'un Juif

CET ISSACAR ÉTAIT LE PLUS COLÉRIQUE HÉBREU qu'on eût vu dans Israël depuis la captivité en Babylone[2]. « Quoi ! dit-il, chienne de Galiléenne[3], ce n'est pas assez de monsieur l'inquisiteur ? Il faut que ce coquin partage aussi avec moi ? » En disant cela il tire un long poignard dont il était toujours pourvu, et ne croyant pas que son adverse partie eût des armes, il se jette sur Candide ; mais notre bon Westphalien avait reçu une belle épée de la vieille avec l'habit complet. Il tire son épée, quoiqu'il eût les mœurs fort douces, et vous étend l'Israélite roide mort sur le carreau, aux pieds de la belle Cunégonde.

« Sainte Vierge ! s'écria-t-elle, qu'allons-nous devenir ? Un homme tué chez moi ! si la justice vient, nous sommes perdus. – Si Pangloss n'avait pas été pendu, dit Candide, il nous donnerait un bon conseil dans cette extrémité, car c'était un grand philosophe. À son défaut consultons la vieille. » Elle était fort prudente, et commençait à dire son avis, quand une autre petite porte s'ouvrit. Il était une heure après minuit, c'était le commencement du dimanche. Ce jour appartenait à monseigneur l'inquisiteur. Il entre et voit le fessé Candide l'épée à la main, un mort étendu par terre, Cunégonde effarée, et la vieille donnant des conseils.

Voici dans ce moment ce qui se passa dans l'âme de Candide, et comment il raisonna : « Si ce saint homme appelle du secours, il me fera infailliblement brûler ; il

2. Allusion à l'asservissement du peuple juif par le roi de Babylone Nabuchodonosor (vers 586 av. J.-C.).
3. Chrétienne (Jésus était originaire de Galilée).

pourra en faire autant de Cunégonde ; il m'a fait fouetter impitoyablement ; il est mon rival ; je suis en train de tuer, il n'y a pas à balancer[1]. » Ce raisonnement fut net et rapide ; et sans donner le temps à l'inquisiteur de revenir de sa surprise, il le perce d'outre en outre, et le jette à côté du Juif. « En voici bien d'une autre[2], dit Cunégonde ; il n'y a plus de rémission[3] ; nous sommes excommuniés[4], notre dernière heure est venue. Comment avez-vous fait, vous qui êtes né si doux, pour tuer en deux minutes un Juif et un prélat ? – Ma belle demoiselle, répondit Candide, quand on est amoureux, jaloux et fouetté par l'Inquisition, on ne se connaît plus[5]. »

La vieille prit alors la parole et dit : « Il y a trois chevaux andalous dans l'écurie, avec leurs selles et leurs brides : que le brave Candide les prépare ; madame a des moyadors[6] et des diamants : montons vite à cheval, quoique je ne puisse me tenir que sur une fesse, et allons à Cadix[7] ; il fait le plus beau temps du monde, et c'est un grand plaisir de voyager pendant la fraîcheur de la nuit. »

Aussitôt Candide selle les trois chevaux. Cunégonde, la vieille et lui font trente milles d'une traite. Pendant qu'ils s'éloignaient, la Sainte-Hermandad[8] arrive dans la maison ; on enterre monseigneur dans une belle église, et on jette Issacar à la voirie[9].

Candide, Cunégonde et la vieille étaient déjà dans la petite ville d'Avacéna, au milieu des montagnes de la Sierra-Morena[10] ; et ils parlaient ainsi dans un cabaret.

1. Hésiter.
2. Voilà du nouveau.
3. De pardon.
4. Expulsés de la communauté des fidèles dans l'Église catholique.
5. On est hors de soi.
6. Monnaie portugaise.
7. Ville du sud de l'Espagne.
8. Police religieuse chargée de poursuivre les malfaiteurs.
9. Lieu où l'on jette les ordures.
10. Chaîne montagneuse du sud de l'Espagne.

Chapitre X

Dans quelle détresse Candide, Cunégonde et la vieille arrivent à Cadix, et de leur embarquement

« QUI A DONC PU ME VOLER mes pistoles[11] et mes diamants ? disait en pleurant Cunégonde ; de quoi vivrons-nous ? comment ferons-nous ? où trouver des inquisiteurs et des Juifs qui m'en donnent d'autres ? – Hélas ! dit la vieille, je soupçonne fort un révérend père cordelier qui coucha hier dans la même auberge que nous à Badajoz[12] ; Dieu me garde de faire un jugement téméraire ! mais il entra deux fois dans notre chambre, et il partit longtemps avant nous. – Hélas ! dit Candide, le bon Pangloss m'avait souvent prouvé que les biens de la terre sont communs à tous les hommes, que chacun y a un droit égal. Ce cordelier devait bien, suivant ces principes, nous laisser de quoi achever notre voyage. Il ne vous reste donc rien du tout, ma belle Cunégonde ? – Pas un maravédis[13], dit-elle. – Quel parti prendre ? dit Candide. – Vendons un des chevaux, dit la vieille ; je monterai en croupe derrière mademoiselle, quoique je ne puisse me tenir que sur une fesse, et nous arriverons à Cadix. »

Il y avait dans la même hôtellerie un prieur de bénédictins[14] ; il acheta le cheval bon marché. Candide, Cunégonde et la vieille passèrent par Lucena, par Chillas, par Lebrixa, et arrivèrent enfin à Cadix. On y équipait une flotte, et on y assemblait des troupes pour mettre à la raison les révérends pères jésuites du Paraguay, qu'on accusait d'avoir fait révolter une de leurs hordes contre les rois d'Espagne et de Portugal, auprès de la ville du Saint-

11. Monnaie d'or, de valeur variable selon les pays.
12. Ville du sud de l'Espagne.
13. Monnaie espagnole de faible valeur.
14. Un supérieur de l'ordre religieux de saint Benoît.

Sacrement. Candide, ayant servi chez les Bulgares, fit l'exercice bulgarien devant le général de la petite armée avec tant de grâce, de célérité[1], d'adresse, de fierté, d'agilité, qu'on lui donna une compagnie d'infanterie à commander. Le voilà capitaine ; il s'embarque avec Mlle Cunégonde, la vieille, deux valets et les deux chevaux andalous qui avaient appartenu à M. le grand inquisiteur de Portugal.

Pendant toute la traversée ils raisonnèrent beaucoup sur la philosophie du pauvre Pangloss. « Nous allons dans un autre univers, disait Candide ; c'est dans celui-là sans doute que tout est bien. Car il faut avouer qu'on pourrait gémir un peu de ce qui se passe dans le nôtre en physique et en morale. – Je vous aime de tout mon cœur, disait Cunégonde ; mais j'ai encore l'âme tout effarouchée de ce que j'ai vu, de ce que j'ai éprouvé. – Tout ira bien, répliquait Candide ; la mer de ce nouveau monde vaut déjà mieux que les mers de notre Europe ; elle est plus calme, les vents plus constants. C'est certainement le nouveau monde qui est le meilleur des univers possibles. – Dieu le veuille ! disait Cunégonde ; mais j'ai été si horriblement malheureuse dans le mien que mon cœur est presque fermé à l'espérance. – Vous vous plaignez, leur dit la vieille ; hélas ! vous n'avez pas éprouvé des infortunes telles que les miennes. » Cunégonde se mit presque à rire, et trouva cette bonne femme fort plaisante de prétendre être plus malheureuse qu'elle. « Hélas ! lui dit-elle, ma bonne, à moins que vous n'ayez été violée par deux Bulgares, que vous n'ayez reçu deux coups de couteau dans le ventre, qu'on n'ait démoli deux de vos châteaux, qu'on n'ait égorgé à vos yeux deux mères et deux pères, et que vous n'ayez vu deux de vos amants fouettés dans un auto-da-fé,

1. Rapidité.

je ne vois pas[2] que vous puissiez l'emporter sur moi ; ajoutez que je suis née baronne avec soixante et douze quartiers, et que j'ai été cuisinière. – Mademoiselle, répondit la vieille, vous ne savez pas quelle est ma naissance ; et si je vous montrais mon derrière, vous ne parleriez pas comme vous faites, et vous suspendriez votre jugement. » Ce discours fit naître une extrême curiosité dans l'esprit de Cunégonde et de Candide. La vieille leur parla en ces termes.

Chapitre XI

Histoire de la vieille

« JE N'AI PAS EU TOUJOURS LES YEUX ÉRAILLÉS[3] et bordés d'écarlate[4] ; mon nez n'a pas toujours touché à mon menton, et je n'ai pas toujours été servante. Je suis la fille du pape Urbain X[5], et de la princesse de Palestrine[6]. On m'éleva jusqu'à quatorze ans dans un palais auquel tous les châteaux de vos barons allemands n'auraient pas servi d'écurie ; et une de mes robes valait mieux que toutes les magnificences de la Westphalie. Je croissais en beauté, en grâces, en talents, au milieu des plaisirs, des respects et des espérances. J'inspirais déjà de l'amour, ma gorge se formait ; et quelle gorge ! blanche, ferme, taillée comme celle de la Vénus de Médicis[7] ; et quels yeux ! quelles paupières ! quels sourcils noirs ! quelles flammes brillaient dans mes deux prunelles, et effaçaient la scintillation des

2. Je ne crois pas.
3. Injectés de sang.
4. Cernés de rouge.
5. Ce pape n'a jamais existé.
6. Ville italienne, près de Rome.
7. Statue grecque, propriété de la famille des Médicis, à Florence.

étoiles, comme me disaient les poètes du quartier. Les femmes qui m'habillaient et qui me déshabillaient tombaient en extase en me regardant par-devant et par-derrière, et tous les hommes auraient voulu être à leur place.

« Je fus fiancée à un prince souverain de Massa-Carrara[1]. Quel prince ! aussi beau que moi, pétri de douceur et d'agréments, brillant d'esprit et brûlant d'amour. Je l'aimais comme on aime pour la première fois, avec idolâtrie, avec emportement. Les noces furent préparées. C'était une pompe[2], une magnificence inouïe ; c'étaient des fêtes, des carrousels[3], des opera-buffa[4] continuels ; et toute l'Italie fit pour moi des sonnets dont il n'y eut pas un seul de passable. Je touchais au moment de mon bonheur, quand une vieille marquise qui avait été maîtresse de mon prince l'invita à prendre du chocolat chez elle. Il mourut en moins de deux heures avec des convulsions épouvantables. Mais ce n'est qu'une bagatelle. Ma mère, au désespoir, et bien moins affligée que moi, voulut s'arracher pour quelque temps à un séjour si funeste. Elle avait une très belle terre auprès de Gaète[5]. Nous nous embarquâmes sur une galère du pays, dorée comme l'autel de Saint-Pierre de Rome. Voilà qu'un corsaire de Salé[6] fond sur nous et nous aborde. Nos soldats se défendirent comme des soldats du pape : ils se mirent tous à genoux en jetant leurs armes, et en demandant au corsaire une absolution *in articulo mortis*[7].

« Aussitôt on les dépouilla nus comme des singes, et ma mère aussi, nos filles d'honneur aussi, et moi aussi. C'est une chose admirable que la diligence[8] avec laquelle ces messieurs déshabillent le monde. Mais ce qui me surprit davantage, c'est qu'ils nous mirent à tous le doigt

1. Région de Toscane (en Italie).
2. Cérémonie somptueuse.
3. Parades de cavaliers exécutant diverses figures.
4. Opéras-bouffes (opéras comiques).
5. Port du sud de l'Italie.
6. Port du Maroc, près de Rabat, connu au XVIIIe siècle pour être fréquenté par des pirates.
7. « À l'article de la mort ».
8. Rapidité.

dans un endroit où nous autres femmes nous ne nous laissons mettre d'ordinaire que des canules[9]. Cette cérémonie me paraissait bien étrange : voilà comme on juge de tout quand on n'est pas sorti de son pays. J'appris bientôt que c'était pour voir si nous n'avions pas caché là quelques diamants : c'est un usage établi de temps immémorial parmi les nations policées qui courent sur mer. J'ai su que messieurs les religieux chevaliers de Malte[10] n'y manquent jamais quand ils prennent des Turcs et des Turques ; c'est une loi du droit des gens à laquelle on n'a jamais dérogé.

« Je ne vous dirai point combien il est dur pour une jeune princesse d'être menée esclave à Maroc avec sa mère. Vous concevez assez tout ce que nous eûmes à souffrir dans le vaisseau corsaire. Ma mère était encore très belle ; nos filles d'honneur, nos simples femmes de chambre, avaient plus de charmes qu'on n'en peut trouver dans toute l'Afrique. Pour moi, j'étais ravissante, j'étais la beauté, la grâce même, et j'étais pucelle ; je ne le fus pas longtemps : cette fleur qui avait été réservée pour le beau prince de Massa-Carrara me fut ravie par le capitaine corsaire ; c'était un nègre abominable, qui croyait encore[11] me faire beaucoup d'honneur. Certes, il fallait que Mme la princesse de Palestrine et moi fussions bien fortes pour résister à tout ce que nous éprouvâmes jusqu'à notre arrivée à Maroc. Mais passons ; ce sont des choses si communes qu'elles ne valent pas la peine qu'on en parle.

« Maroc nageait dans le sang quand nous arrivâmes. Cinquante fils de l'empereur Muley-Ismaël[12] avaient chacun leur parti : ce qui produisait en effet cinquante guerres civiles, de noirs contre noirs, de noirs contre basanés, de basanés contre basanés, de mulâtres[13] contre mulâtres.

9. Petits tuyaux fixés à l'extrémité d'un tube d'injection ou d'une poire de lavement.
10. Ordre religieux et militaire qui luttait contre les musulmans et les pirates.
11. De plus.
12. Roi du Maroc au début du XVIIIe siècle.
13. Nés d'un parent noir et d'un parent blanc.

C'était un carnage continuel dans toute l'étendue de l'empire.

« À peine fûmes-nous débarqués que des noirs d'une faction ennemie de celle de mon corsaire se présentèrent pour lui enlever son butin. Nous étions, après les diamants et l'or, ce qu'il avait de plus précieux. Je fus témoin d'un combat tel que vous n'en voyez jamais dans vos climats d'Europe. Les peuples septentrionaux[1] n'ont pas le sang assez ardent. Ils n'ont pas la rage des femmes au point où elle est commune en Afrique. Il semble que vos Européens aient du lait dans les veines ; c'est du vitriol, c'est du feu qui coule dans celles des habitants du mont Atlas[2] et des pays voisins. On combattit avec la fureur des lions, des tigres et des serpents de la contrée, pour savoir à qui nous aurait. Un Maure[3] saisit ma mère par le bras droit, le lieutenant de mon capitaine la retint par le bras gauche ; un soldat maure la prit par une jambe, un de nos pirates la tenait par l'autre. Nos filles se trouvèrent presque toutes en un moment tirées ainsi à quatre soldats. Mon capitaine me tenait cachée derrière lui. Il avait le cimeterre[4] au poing, et tuait tout ce qui s'opposait à sa rage. Enfin, je vis toutes nos Italiennes et ma mère déchirées, coupées, massacrées par les monstres qui se les disputaient. Les captifs mes compagnons, ceux qui les avaient pris, soldats, matelots, noirs, basanés, blancs, mulâtres, et enfin mon capitaine, tout fut tué ; et je demeurai mourante sur un tas de morts. Des scènes pareilles se passaient, comme on sait, dans l'étendue de plus de trois cents lieues[5], sans qu'on manquât aux cinq prières par jour ordonnées par Mahomet.

« Je me débarrassai avec beaucoup de peine de la foule de tant de cadavres sanglants entassés, et je me traînai

1. Les peuples du Nord.
2. Massif montagneux du Maroc.
3. Originaire d'Afrique du Nord.
4. Sabre oriental large et recourbé.
5. Environ 1 200 km.

sous un grand oranger au bord d'un ruisseau voisin ; j'y tombai d'effroi, de lassitude, d'horreur, de désespoir et de faim. Bientôt après, mes sens accablés se livrèrent à un sommeil qui tenait plus de l'évanouissement que du repos. J'étais dans cet état de faiblesse et d'insensibilité, entre la mort et la vie, quand je me sentis pressée de quelque chose qui s'agitait sur mon corps. J'ouvris les yeux, je vis un homme blanc et de bonne mine qui soupirait, et qui disait entre ses dents : *O che sciagura d'essere senza c...* ![6]

Chapitre XII

Suite des malheurs de la vieille

« ÉTONNÉE ET RAVIE D'ENTENDRE la langue de ma patrie, et non moins surprise des paroles que proférait cet homme, je lui répondis qu'il y avait de plus grands malheurs que celui dont il se plaignait. Je l'instruisis en peu de mots des horreurs que j'avais essuyées, et je retombai en faiblesse. Il m'emporta dans une maison voisine, me fit mettre au lit, me fit donner à manger, me servit, me consola, me flatta, me dit qu'il n'avait rien vu de si beau que moi, et que jamais il n'avait tant regretté ce que personne ne pouvait lui rendre. "Je suis né à Naples, me dit-il, on y chaponne[7] deux ou trois mille enfants tous les ans ; les uns en meurent, les autres acquièrent une voix plus belle que celle des femmes, les autres vont gouverner les États. On me fit cette opération avec un très grand succès, et j'ai été musicien de la chapelle de Mme la princesse de Palestrine. – De ma mère ! m'écriai-je. – De votre

6. « Ô quel malheur d'être sans c... ! » (l'homme est un castrat : on lui a ôté les organes sexuels).
7. On y castre.

mère ! s'écria-t-il en pleurant. Quoi ! vous seriez cette jeune princesse que j'ai élevée jusqu'à l'âge de six ans, et qui promettait déjà d'être aussi belle que vous êtes ? – C'est moi-même ; ma mère est à quatre cents pas d'ici, coupée en quartiers sous un tas de morts…"

« Je lui contai tout ce qui m'était arrivé ; il me conta aussi ses aventures, et m'apprit comment il avait été envoyé chez le roi de Maroc par une puissance chrétienne, pour conclure avec ce monarque un traité, par lequel on lui fournirait de la poudre, des canons et des vaisseaux, pour l'aider à exterminer le commerce des autres chrétiens. "Ma mission est faite, me dit cet honnête eunuque ; je vais m'embarquer à Ceuta[1], et je vous ramènerai en Italie. *Ma che sciagura d'essere senza c…* !"

« Je le remerciai avec des larmes d'attendrissement ; et au lieu de me mener en Italie, il me conduisit à Alger, et me vendit au dey[2] de cette province. À peine fus-je vendue que cette peste qui a fait le tour de l'Afrique, de l'Asie et de l'Europe, se déclara dans Alger avec fureur. Vous avez vu des tremblements de terre ; mais, mademoiselle, avez-vous jamais eu la peste ? – Jamais, répondit la baronne.

– Si vous l'aviez eue, reprit la vieille, vous avoueriez qu'elle est bien au-dessus d'un tremblement de terre. Elle est fort commune en Afrique ; j'en fus attaquée. Figurez-vous quelle situation pour la fille d'un pape, âgée de quinze ans, qui en trois mois de temps avait éprouvé la pauvreté, l'esclavage, avait été violée presque tous les jours, avait vu couper sa mère en quatre, avait essuyé la faim et la guerre, et mourait pestiférée dans Alger. Je n'en mourus pourtant pas. Mais mon eunuque et le dey, et presque tout le sérail[3] d'Alger, périrent.

1. Ville du nord du Maroc, qui appartient aux Espagnols.
2. Chef du gouvernement d'Alger.
3. Harem.

« Quand les premiers ravages de cette épouvantable peste furent passés, on vendit les esclaves du dey. Un marchand m'acheta et me mena à Tunis ; il me vendit à un autre marchand, qui me revendit à Tripoli[4] ; de Tripoli je fus revendue à Alexandrie, d'Alexandrie revendue à Smyrne[5], de Smyrne à Constantinople. J'appartins enfin à un aga des janissaires[6], qui fut bientôt commandé pour aller défendre Azof[7] contre les Russes qui l'assiégeaient.

« L'aga, qui était un très galant homme, mena avec lui tout son sérail, et nous logea dans un petit fort sur les Palus-Méotides[8], gardé par deux eunuques noirs et vingt soldats. On tua prodigieusement de Russes, mais ils nous le rendirent bien. Azof fut mis à feu et à sang, et on ne pardonna ni au sexe ni à l'âge ; il ne resta que notre petit fort ; les ennemis voulurent nous prendre par famine. Les vingt janissaires avaient juré de ne se jamais rendre. Les extrémités de la faim où ils furent réduits les contraignirent à manger nos deux eunuques, de peur de violer leur serment. Au bout de quelques jours, ils résolurent de manger les femmes.

« Nous avions un iman[9] très pieux et très compatissant, qui leur fit un beau sermon par lequel il leur persuada de ne nous pas tuer tout à fait. “Coupez, dit-il, seulement une fesse à chacune de ces dames, vous ferez très bonne chère ; s'il faut y revenir, vous en aurez encore autant dans quelques jours ; le ciel vous saura gré d'une action si charitable, et vous serez secourus.”

« Il avait beaucoup d'éloquence ; il les persuada. On nous fit cette horrible opération. L'iman nous appliqua le même baume qu'on met aux enfants qu'on vient de circoncire. Nous étions toutes à la mort.

4. Capitale de la Libye.
5. Ville de Turquie occidentale.
6. Gardes des sultans turcs. L'aga est l'un de leurs chefs.
7. Azov (ville de la mer Noire).
8. Sur les bords de la mer d'Azov.
9. Imam (chef religieux musulman).

« À peine les janissaires eurent-ils fait le repas que nous leur avions fourni que les Russes arrivent sur des bateaux plats ; il ne réchappa pas un janissaire. Les Russes ne firent aucune attention à l'état où nous étions. Il y a partout des chirurgiens français : un d'eux, qui était fort adroit, prit soin de nous ; il nous guérit, et je me souviendrai toute ma vie que, quand les plaies furent bien fermées, il me fit des propositions. Au reste, il nous dit à toutes de nous consoler ; il nous assura que dans plusieurs sièges pareille chose était arrivée, et que c'était la loi de la guerre.

« Dès que mes compagnes purent marcher, on les fit aller à Moscou. J'échus en partage à un boyard[1] qui me fit sa jardinière, et qui me donnait vingt coups de fouet par jour. Mais ce seigneur ayant été roué[2] au bout de deux ans avec une trentaine de boyards pour quelque tracasserie de cour, je profitai de cette aventure ; je m'enfuis ; je traversai toute la Russie ; je fus longtemps servante de cabaret à Riga, puis à Rostock, à Vismar, à Leipsick, à Cassel, à Utrecht, à Leyde, à La Haye, à Rotterdam[3] : j'ai vieilli dans la misère et dans l'opprobre[4], n'ayant que la moitié d'un derrière, me souvenant toujours que j'étais fille d'un pape ; je voulus cent fois me tuer, mais j'aimais encore la vie. Cette faiblesse ridicule est peut-être un de nos penchants les plus funestes : car y a-t-il rien de plus sot que de vouloir porter continuellement un fardeau qu'on veut toujours jeter par terre ? d'avoir son être en horreur, et de tenir à son être ? enfin de caresser le serpent qui nous dévore, jusqu'à ce qu'il nous ait mangé le cœur ?

« J'ai vu dans les pays que le sort m'a fait parcourir, et dans les cabarets où j'ai servi, un nombre prodigieux de

1. Noble russe.
2. Ayant subi le supplice de la roue.
3. Villes de Lettonie, d'Allemagne et des Pays-Bas.
4. Dans la honte.

personnes qui avaient leur existence en exécration ; mais je n'en ai vu que douze qui aient mis volontairement fin à leur misère : trois nègres, quatre Anglais, quatre Genevois et un professeur allemand nommé Robeck[5]. J'ai fini par être servante chez le Juif don Issacar ; il me mit auprès de vous, ma belle demoiselle ; je me suis attachée à votre destinée, et j'ai été plus occupée de vos aventures que des miennes. Je ne vous aurais même jamais parlé de mes malheurs, si vous ne m'aviez pas un peu piquée[6], et s'il n'était d'usage dans un vaisseau de conter des histoires pour se désennuyer. Enfin, mademoiselle, j'ai de l'expérience, je connais le monde ; donnez-vous un plaisir, engagez chaque passager à vous conter son histoire ; et s'il s'en trouve un seul qui n'ait souvent maudit sa vie, qui ne se soit souvent dit à lui-même qu'il était le plus malheureux des hommes, jetez-moi dans la mer la tête la première. »

Chapitre XIII

Comment Candide fut obligé de se séparer de la belle Cunégonde et de la vieille

La belle Cunégonde, ayant entendu l'histoire de la vieille, lui fit toutes les politesses qu'on devait à une personne de son rang et de son mérite. Elle accepta la proposition ; elle engagea tous les passagers l'un après l'autre à lui conter leurs aventures. Candide et elle avouèrent que la vieille avait raison. « C'est bien dommage, disait Candide, que le sage Pangloss ait été pendu contre

5. Professeur allemand (1672-1739), auteur d'une apologie du suicide, qui se noya volontairement.
6. Irritée, agacée.

la coutume dans un auto-da-fé ; il nous dirait des choses admirables sur le mal physique et sur le mal moral qui couvrent la terre et la mer, et je me sentirais assez de force pour oser lui faire respectueusement quelques objections. »

À mesure que chacun racontait son histoire, le vaisseau avançait. On aborda dans Buenos-Ayres. Cunégonde, le capitaine Candide et la vieille allèrent chez le gouverneur Don Fernando d'Ibaraa, y Figueora, y Mascarenes, y Lampourdos, y Souza. Ce seigneur avait une fierté convenable à un homme qui portait tant de noms. Il parlait aux hommes avec le dédain le plus noble, portant le nez si haut, élevant si impitoyablement la voix, prenant un ton si imposant, affectant une démarche si altière[1], que tous ceux qui le saluaient étaient tentés de le battre. Il aimait les femmes à la fureur. Cunégonde lui parut ce qu'il avait jamais vu de plus beau. La première chose qu'il fit fut de demander si elle n'était point la femme du capitaine. L'air dont il fit cette question alarma Candide : il n'osa pas dire qu'elle était sa femme, parce qu'en effet elle ne l'était point ; il n'osait pas dire que c'était sa sœur, parce qu'elle ne l'était pas non plus ; et quoique ce mensonge officieux eût été autrefois très à la mode chez les anciens[2], et qu'il pût être utile aux modernes, son âme était trop pure pour trahir la vérité. « Mlle Cunégonde, dit-il, doit me faire l'honneur de m'épouser, et nous supplions Votre Excellence de daigner faire notre noce. »

Don Fernando d'Ibaraa, y Figueora, y Mascarenes, y Lampourdos, y Souza, relevant sa moustache, sourit amèrement, et ordonna au capitaine Candide d'aller faire la revue de sa compagnie. Candide obéit ; le gouverneur demeura avec Mlle Cunégonde. Il lui déclara sa passion,

1. Hautaine.
2. Allusion à l'épisode biblique d'Abraham et Sara (Genèse).

lui protesta[3] que le lendemain il l'épouserait à la face de l'Église, ou autrement, ainsi qu'il plairait à ses charmes. Cunégonde lui demanda un quart d'heure pour se recueillir, pour consulter la vieille et pour se déterminer.

La vieille dit à Cunégonde : « Mademoiselle, vous avez soixante et douze quartiers, et pas une obole[4] ; il ne tient qu'à vous d'être la femme du plus grand seigneur de l'Amérique méridionale, qui a une très belle moustache ; est-ce à vous de vous piquer[5] d'une fidélité à toute épreuve ? Vous avez été violée par les Bulgares ; un Juif et un inquisiteur ont eu vos bonnes grâces : les malheurs donnent des droits. J'avoue que, si j'étais à votre place, je ne ferais aucun scrupule d'épouser monsieur le gouverneur et de faire la fortune de M. le capitaine Candide. » Tandis que la vieille parlait avec toute la prudence que l'âge et l'expérience donnent, on vit entrer dans le port un petit vaisseau ; il portait un alcade et des alguazils[6], et voici ce qui était arrivé.

La vieille avait très bien deviné que ce fut un cordelier à la grande manche qui vola l'argent et les bijoux de Cunégonde dans la ville de Badajoz, lorsqu'elle fuyait en hâte avec Candide. Ce moine voulut vendre quelques-unes des pierreries à un joaillier. Le marchand les reconnut pour celles du grand inquisiteur. Le cordelier, avant d'être pendu, avoua qu'il les avait volées ; il indiqua les personnes et la route qu'elles prenaient. La fuite de Cunégonde et de Candide était déjà connue. On les suivit à Cadix ; on envoya sans perdre temps un vaisseau à leur poursuite. Le vaisseau était déjà dans le port de Buenos-Ayres. Le bruit se répandit qu'un alcade allait débarquer, et qu'on poursuivait les meurtriers de monseigneur le grand

3. Promit.
4. Petite pièce de monnaie.
5. Flatter.
6. Un juge et des policiers espagnols.

inquisiteur. La prudente vieille vit dans l'instant tout ce qui était à faire. « Vous ne pouvez fuir, dit-elle à Cunégonde, et vous n'avez rien à craindre ; ce n'est pas vous qui avez tué monseigneur ; et d'ailleurs le gouverneur, qui vous aime, ne souffrira pas qu'on vous maltraite ; demeurez. » Elle court sur-le-champ à Candide : « Fuyez, dit-elle, ou dans une heure vous allez être brûlé. » Il n'y avait pas un moment à perdre ; mais comment se séparer de Cunégonde, et où se réfugier ?

Chapitre XIV

Comment Candide et Cacambo furent reçus chez les jésuites du Paraguay

CANDIDE AVAIT AMENÉ DE CADIX UN VALET tel qu'on en trouve beaucoup sur les côtes d'Espagne et dans les colonies. C'était un quart d'Espagnol[1], né d'un métis dans le Tucuman[2] ; il avait été enfant de chœur, sacristain, matelot, moine, facteur[3], soldat, laquais. Il s'appelait Cacambo, et aimait fort son maître, parce que son maître était un fort bon homme. Il sella au plus vite les deux chevaux andalous. « Allons, mon maître, suivons le conseil de la vieille ; partons, et courons sans regarder derrière nous. » Candide versa des larmes. « Ô ma chère Cunégonde ! faut-il vous abandonner dans le temps que monsieur le gouverneur va faire nos noces ! Cunégonde amenée de si loin, que deviendrez-vous ? – Elle deviendra ce qu'elle pourra, dit Cacambo ; les femmes ne sont jamais embarrassées

1. Métis ayant trois quarts de sang de couleur et un quart de sang blanc.
2. Province du nord de l'Argentine.
3. Personne faisant du commerce pour le compte de quelqu'un.

d'elles[4] ; Dieu y pourvoit ; courons. – Où me mènes-tu ? où allons-nous ? que ferons-nous sans Cunégonde ? disait Candide. – Par saint Jacques de Compostelle, dit Cacambo, vous alliez faire la guerre aux jésuites ; allons la faire pour eux : je sais assez les chemins, je vous mènerai dans leur royaume, ils seront charmés d'avoir un capitaine qui fasse l'exercice à la bulgare ; vous ferez une fortune prodigieuse ; quand on n'a pas son compte dans un monde, on le trouve dans un autre. C'est un très grand plaisir de voir et de faire des choses nouvelles.

– Tu as donc été déjà dans le Paraguay ? dit Candide. – Eh vraiment oui ! dit Cacambo ; j'ai été cuistre[5] dans le collège de l'Assomption[6], et je connais le gouvernement de Los Padres[7] comme je connais les rues de Cadix. C'est une chose admirable que ce gouvernement. Le royaume a déjà plus de trois cents lieues de diamètre ; il est divisé en trente provinces. Los Padres y ont tout, et les peuples rien ; c'est le chef-d'œuvre de la raison et de la justice. Pour moi, je ne vois rien de si divin que Los Padres, qui font ici la guerre au roi d'Espagne et au roi de Portugal, et qui en Europe confessent ces rois ; qui tuent ici des Espagnols, et qui à Madrid les envoient au ciel : cela me ravit ; avançons ; vous allez être le plus heureux de tous les hommes. Quel plaisir auront Los Padres quand ils sauront qu'il leur vient un capitaine qui sait l'exercice bulgare ! »

Dès qu'ils furent arrivés à la première barrière, Cacambo dit à la garde avancée qu'un capitaine demandait à parler à monseigneur le commandant. On alla avertir la grande garde. Un officier paraguain[8] courut aux pieds du commandant lui donner part de la nouvelle. Candide et Cacambo furent d'abord désarmés ; on se

Chapitre XIV

Les jésuites au Paraguay

La Compagnie de Jésus, fondée en 1540 par Ignace de Loyola pour lutter contre les progrès du protestantisme, a joué un rôle majeur dans l'évangélisation des populations indiennes d'Amérique du Sud. Au Paraguay, les jésuites avaient instauré un pouvoir politico-religieux (théocratique), qui s'était presque émancipé de la tutelle du roi d'Espagne et contestait son autorité. ■

4. Elles s'occupent très bien d'elles-mêmes.
5. Valet.
6. Asunción (capitale du Paraguay).
7. Des Pères jésuites.
8. Paraguayen.

saisit de leurs deux chevaux andalous. Les deux étrangers sont introduits au milieu de deux files de soldats ; le commandant était au bout, le bonnet à trois cornes en tête, la robe retroussée, l'épée au côté, l'esponton[1] à la main. Il fit un signe ; aussitôt vingt-quatre soldats entourent les deux nouveaux venus. Un sergent leur dit qu'il faut attendre, que le commandant ne peut leur parler, que le révérend père provincial ne permet pas qu'aucun Espagnol ouvre la bouche qu'en sa présence[2], et demeure plus de trois heures dans le pays. « Et où est le révérend père provincial ? dit Cacambo. – Il est à la parade[3] après avoir dit sa messe, répondit le sergent ; et vous ne pourrez baiser ses éperons que dans trois heures. – Mais, dit Cacambo, monsieur le capitaine, qui meurt de faim comme moi, n'est point espagnol, il est allemand ; ne pourrions-nous point déjeuner en attendant Sa Révérence ? »

Le sergent alla sur-le-champ rendre compte de ce discours au commandant. « Dieu soit béni ! dit ce seigneur ; puisqu'il est allemand, je peux lui parler ; qu'on le mène dans ma feuillée[4]. » Aussitôt on conduit Candide dans un cabinet de verdure orné d'une très jolie colonnade de marbre vert et or, et de treillages qui renfermaient des perroquets, des colibris, des oiseaux-mouches, des pintades, et tous les oiseaux les plus rares. Un excellent déjeuner était préparé dans des vases d'or ; et tandis que les Paraguains mangèrent du maïs dans des écuelles de bois, en plein champ, à l'ardeur du soleil, le révérend père commandant entra dans la feuillée.

C'était un très beau jeune homme, le visage plein, assez blanc, haut en couleur, le sourcil relevé, l'œil vif, l'oreille rouge, les lèvres vermeilles, l'air fier, mais d'une

1. Demi-pique, arme des soldats d'infanterie.
2. Les Espagnols n'ont le droit de parler qu'en sa présence.
3. Revue des troupes.
4. Abri formé de branches et de feuilles.

fierté qui n'était ni celle d'un Espagnol ni celle d'un jésuite. On rendit à Candide et à Cacambo leurs armes, qu'on leur avait saisies, ainsi que les deux chevaux andalous ; Cacambo leur fit manger l'avoine auprès de la feuillée, ayant toujours l'œil sur eux, crainte de surprise[5].

Candide baisa d'abord le bas de la robe du commandant, ensuite ils se mirent à table. « Vous êtes donc allemand ? lui dit le jésuite en cette langue. – Oui, mon Révérend Père », dit Candide. L'un et l'autre, en prononçant ces paroles, se regardaient avec une extrême surprise et une émotion dont ils n'étaient pas les maîtres. « Et de quel pays d'Allemagne êtes-vous ? dit le jésuite. – De la sale province de Westphalie, dit Candide : je suis né dans le château de Thunder-ten-tronckh. – Ô ciel ! est-il possible ? s'écria le commandant. – Quel miracle ! s'écria Candide. – Serait-ce vous ? dit le commandant. – Cela n'est pas possible », dit Candide. Ils se laissent tomber tous deux à la renverse, ils s'embrassent, ils versent des ruisseaux de larmes. « Quoi ! serait-ce vous, mon Révérend Père ? vous, le frère de la belle Cunégonde ! vous, qui fûtes tué par les Bulgares ! vous, le fils de monsieur le baron ! vous, jésuite au Paraguay ! Il faut avouer que ce monde est une étrange chose. Ô Pangloss ! Pangloss ! que vous seriez aise si vous n'aviez pas été pendu ! »

Le commandant fit retirer les esclaves nègres et les Paraguains qui servaient à boire dans des gobelets de cristal de roche. Il remercia Dieu et saint Ignace[6] mille fois ; il serrait Candide entre ses bras ; leurs visages étaient baignés de pleurs. « Vous seriez bien plus étonné, plus attendri, plus hors de vous-même, dit Candide, si je vous disais que Mlle Cunégonde, votre sœur, que vous avez crue

5. Par crainte d'une mauvaise surprise.
6. Ignace de Loyola, voir encadré, p. 53.

éventrée, est pleine de santé. – Où ? – Dans votre voisinage, chez M. le gouverneur de Buenos-Ayres ; et je venais pour vous faire la guerre. » Chaque mot qu'ils prononcèrent dans cette longue conversation accumulait prodige sur prodige. Leur âme tout entière volait sur leur langue, était attentive dans leurs oreilles et étincelante dans leurs yeux. Comme ils étaient allemands, ils tinrent table longtemps, en attendant le révérend père provincial ; et le commandant parla ainsi à son cher Candide.

Chapitre XV

Comment Candide tua le frère de sa chère Cunégonde

« J'AURAI TOUTE MA VIE PRÉSENT À LA MÉMOIRE le jour horrible où je vis tuer mon père et ma mère, et violer ma sœur. Quand les Bulgares furent retirés, on ne trouva point cette sœur adorable, et on mit dans une charrette ma mère, mon père et moi, deux servantes et trois petits garçons égorgés, pour nous aller enterrer dans une chapelle de jésuites, à deux lieues du château de mes pères. Un jésuite nous jeta de l'eau bénite ; elle était horriblement salée ; il en entra quelques gouttes dans mes yeux ; le père s'aperçut que ma paupière faisait un petit mouvement : il mit la main sur mon cœur et le sentit palpiter ; je fus secouru, et, au bout de trois semaines, il n'y paraissait pas. Vous savez, mon cher Candide, que j'étais fort joli, je le devins encore davantage ; aussi le révérend père Croust[1], supérieur de la maison, prit pour

1. Recteur des jésuites de Colmar, adversaire de Voltaire.

moi la plus tendre amitié ; il me donna l'habit de novice[2] ; quelque temps après je fus envoyé à Rome. Le père général[3] avait besoin d'une recrue de jeunes jésuites allemands. Les souverains du Paraguay reçoivent le moins qu'ils peuvent de jésuites espagnols ; ils aiment mieux les étrangers, dont ils se croient plus maîtres. Je fus jugé propre par le révérend père général pour aller travailler dans cette vigne[4]. Nous partîmes, un Polonais, un Tyrolien[5] et moi. Je fus honoré, en arrivant, du sous-diaconat[6] et d'une lieutenance ; je suis aujourd'hui colonel et prêtre. Nous recevrons vigoureusement les troupes du roi d'Espagne ; je vous réponds qu'elles seront excommuniées et battues. La Providence vous envoie ici pour nous seconder. Mais est-il bien vrai que ma chère sœur Cunégonde soit dans le voisinage, chez le gouverneur de Buenos-Ayres ? » Candide l'assura par serment que rien n'était plus vrai. Leurs larmes recommencèrent à couler.

Le baron ne pouvait se lasser d'embrasser Candide ; il l'appelait son frère, son sauveur. « Ah ! peut-être, lui dit-il, nous pourrons ensemble, mon cher Candide, entrer en vainqueurs dans la ville, et reprendre ma sœur Cunégonde. – C'est tout ce que je souhaite, dit Candide ; car je comptais l'épouser, et je l'espère encore. – Vous, insolent ! répondit le baron, vous auriez l'impudence d'épouser ma sœur qui a soixante et douze quartiers ! Je vous trouve bien effronté d'oser me parler d'un dessein si téméraire ! » Candide, pétrifié d'un tel discours, lui répondit : « Mon Révérend Père, tous les quartiers du monde n'y font rien ; j'ai tiré votre sœur des bras d'un Juif et d'un inquisiteur ; elle m'a assez d'obligations, elle veut m'épouser. Maître Pangloss m'a toujours dit que les hommes sont égaux, et

2. Futur moine.
3. Les jésuites étaient un ordre militaro-religieux.
4. Travailler la vigne du Seigneur : convertir les incroyants.
5. Habitants du Tyrol (en Autriche).
6. Ordre inférieur dans la hiérarchie de la prêtrise.

assurément je l'épouserai. – C'est ce que nous verrons, coquin ! » dit le jésuite baron de Thunder-ten-tronckh, et en même temps il lui donna un grand coup du plat de son épée sur le visage. Candide dans l'instant tire la sienne et l'enfonce jusqu'à la garde dans le ventre du baron jésuite ; mais, en la retirant toute fumante, il se mit à pleurer : « Hélas ! mon Dieu, dit-il, j'ai tué mon ancien maître, mon ami, mon beau-frère ; je suis le meilleur homme du monde, et voilà déjà trois hommes que je tue ; et dans ces trois il y a deux prêtres. »

Cacambo, qui faisait sentinelle à la porte de la feuillée, accourut. « Il ne nous reste qu'à vendre cher notre vie, lui dit son maître : on va sans doute entrer dans la feuillée, il faut mourir les armes à la main. » Cacambo, qui en avait vu bien d'autres, ne perdit point la tête ; il prit la robe de jésuite que portait le baron, la mit sur le corps de Candide, lui donna le bonnet carré[1] du mort, et le fit monter à cheval. Tout cela se fit en un clin d'œil. « Galopons, mon maître ; tout le monde vous prendra pour un jésuite qui va donner des ordres ; et nous aurons passé les frontières avant qu'on puisse courir après nous. » Il volait déjà en prononçant ces paroles, et en criant en espagnol : « Place, place pour le révérend père colonel. »

Chapitre XVI

Ce qui advint aux deux voyageurs avec deux filles, deux singes et les sauvages nommés Oreillons

CANDIDE ET SON VALET FURENT AU-DELÀ des barrières, et personne ne savait encore dans le camp la mort du

1. La coiffure des jésuites était de forme carrée.

jésuite allemand. Le vigilant Cacambo avait eu soin de remplir sa valise de pain, de chocolat, de jambon, de fruits, et de quelques mesures de vin. Ils s'enfoncèrent avec leurs chevaux andalous dans un pays inconnu, où ils ne découvrirent aucune route. Enfin une belle prairie entrecoupée de ruisseaux se présenta devant eux. Nos deux voyageurs font repaître leurs montures. Cacambo propose à son maître de manger, et lui en donne l'exemple. « Comment veux-tu, disait Candide, que je mange du jambon, quand j'ai tué le fils de monsieur le baron, et que je me vois condamné à ne revoir la belle Cunégonde de ma vie ? à quoi me servira de prolonger mes misérables jours, puisque je dois les traîner loin d'elle dans les remords et dans le désespoir ? et que dira le journal de Trévoux ? »

En parlant ainsi, il ne laissait pas[2] de manger. Le soleil se couchait. Les deux égarés entendirent quelques petits cris qui paraissaient poussés par des femmes. Ils ne savaient si ces cris étaient de douleur ou de joie ; mais ils se levèrent précipitamment avec cette inquiétude et cette alarme que tout inspire dans un pays inconnu. Ces clameurs partaient de deux filles toutes nues qui couraient légèrement au bord de la prairie, tandis que deux singes les suivaient en leur mordant les fesses. Candide fut touché de pitié ; il avait appris à tirer chez les Bulgares, et il aurait abattu une noisette dans un buisson sans toucher aux feuilles. Il prend son fusil espagnol à deux coups, tire, et tue les deux singes. « Dieu soit loué, mon cher Cacambo ! j'ai délivré d'un grand péril ces deux pauvres créatures ; si j'ai commis un péché en tuant un inquisiteur et un jésuite, je l'ai bien réparé en sauvant la vie à deux

Le journal de Trévoux

Cette publication porte le nom de Trévoux, la localité de l'Ain où elle fut éditée par un collège de jésuites très actif. Elle fut utilisée comme une arme de combat contre les philosophes et les jansénistes, et elle fut dirigée par le père Berthier, l'un des adversaires de Voltaire. ■

2. Ne s'arrêtait pas.

filles. Ce sont peut-être deux demoiselles de condition[1], et cette aventure nous peut procurer de très grands avantages dans le pays. »

Il allait continuer, mais sa langue devint percluse[2] quand il vit ces deux filles embrasser tendrement les deux singes, fondre en larmes sur leurs corps et remplir l'air des cris les plus douloureux. « Je ne m'attendais pas à tant de bonté d'âme », dit-il enfin à Cacambo ; lequel lui répliqua : « Vous avez fait là un beau chef-d'œuvre, mon maître ; vous avez tué les deux amants de ces demoiselles. – Leurs amants ! serait-il possible ? vous vous moquez de moi, Cacambo ; le moyen de vous croire ? – Mon cher maître, reprit Cacambo, vous êtes toujours étonné de tout ; pourquoi trouvez-vous si étrange que dans quelques pays il y ait des singes qui obtiennent les bonnes grâces des dames ? Ils sont des quarts d'hommes, comme je suis un quart d'Espagnol. – Hélas ! reprit Candide, je me souviens d'avoir entendu dire à maître Pangloss qu'autrefois pareils accidents étaient arrivés, et que ces mélanges avaient produit des égipans[3], des faunes, des satyres[4] ; que plusieurs grands personnages de l'Antiquité en avaient vu ; mais je prenais cela pour des fables. – Vous devez être convaincu à présent, dit Cacambo, que c'est une vérité, et vous voyez comment en usent les personnes qui n'ont pas reçu une certaine éducation ; tout ce que je crains, c'est que ces dames ne nous fassent quelque méchante affaire. »

Ces réflexions solides engagèrent Candide à quitter la prairie et à s'enfoncer dans un bois. Il y soupa avec Cacambo ; et tous deux, après avoir maudit l'inquisiteur de Portugal, le gouverneur de Buenos-Ayres et le baron, s'endormirent sur de la mousse. À leur réveil, ils sentirent

1. De naissance noble.
2. Paralysée.
3. Personnages mythologiques, avec des cornes et des pieds de chèvre.
4. Divinités de la forêt à pieds de bouc.

qu'ils ne pouvaient remuer ; la raison en était que pendant la nuit les Oreillons, habitants du pays, à qui les deux dames les avaient dénoncés, les avaient garrottés avec des cordes d'écorce d'arbre. Ils étaient entourés d'une cinquantaine d'Oreillons tout nus, armés de flèches, de massues et de haches de caillou : les uns faisaient bouillir une grande chaudière[5] ; les autres préparaient des broches, et tous criaient : « C'est un jésuite, c'est un jésuite ! nous serons vengés, et nous ferons bonne chère ; mangeons du jésuite, mangeons du jésuite ! »

« Je vous l'avais bien dit, mon cher maître, s'écria tristement Cacambo, que ces deux filles nous joueraient d'un mauvais tour. » Candide, apercevant la chaudière et les broches, s'écria : « Nous allons certainement être rôtis ou bouillis. Ah ! que dirait maître Pangloss, s'il voyait comme la pure nature est faite ? Tout est bien ; soit, mais j'avoue qu'il est bien cruel d'avoir perdu Mlle Cunégonde et d'être mis à la broche par des Oreillons. » Cacambo ne perdait jamais la tête. « Ne désespérez de rien, dit-il au désolé Candide ; j'entends un peu le jargon de ces peuples, je vais leur parler. – Ne manquez pas, dit Candide, de leur représenter quelle est l'inhumanité affreuse de faire cuire des hommes, et combien cela est peu chrétien. »

« Messieurs, dit Cacambo, vous comptez donc manger aujourd'hui un jésuite : c'est très bien fait ; rien n'est plus juste que de traiter ainsi ses ennemis. En effet le droit naturel nous enseigne à tuer notre prochain, et c'est ainsi qu'on en agit dans toute la terre. Si nous n'usons pas du droit de le manger, c'est que nous avons d'ailleurs[6] de quoi faire bonne chère ; mais vous n'avez pas les mêmes ressources que nous ; certainement il vaut mieux manger

5. Chaudron.
6. Par ailleurs.

Le droit naturel

Le droit naturel désigne le droit dont l'homme dispose en tant qu'homme, au-delà de toute appartenance à une société et à une législation définies. Il est à l'origine de la notion de « droits de l'Homme », distincts de ceux du citoyen. Le droit naturel inclut le droit de se défendre par tous les moyens, pour protéger sa vie en cas d'agression. ■

ses ennemis que d'abandonner aux corbeaux et aux corneilles le fruit de sa victoire. Mais, messieurs, vous ne voudriez pas manger vos amis. Vous croyez aller mettre un jésuite en broche, et c'est votre défenseur, c'est l'ennemi de vos ennemis que vous allez rôtir. Pour moi, je suis né dans votre pays ; monsieur que vous voyez est mon maître, et, bien loin d'être jésuite, il vient de tuer un jésuite, il en porte les dépouilles : voilà le sujet de votre méprise. Pour vérifier ce que je vous dis, prenez sa robe, portez-la à la première barrière du royaume de Los Padres ; informez-vous si mon maître n'a pas tué un officier jésuite. Il vous faudra peu de temps ; vous pourrez toujours nous manger si vous trouvez que je vous ai menti. Mais, si je vous ai dit la vérité, vous connaissez trop les principes du droit public[1], les mœurs et les lois, pour ne nous pas faire grâce. »

Les Oreillons trouvèrent ce discours très raisonnable ; ils députèrent[2] deux notables pour aller en diligence s'informer de la vérité ; les deux députés s'acquittèrent de leur commission en gens d'esprit, et revinrent bientôt apporter de bonnes nouvelles. Les Oreillons délièrent leurs deux prisonniers, leur firent toutes sortes de civilités, leur offrirent des filles, leur donnèrent des rafraîchissements, et les reconduisirent jusqu'aux confins de leurs États, en criant avec allégresse : « Il n'est point jésuite, il n'est point jésuite ! »

Candide ne se lassait point d'admirer le sujet de sa délivrance. « Quel peuple ! disait-il, quels hommes ! quelles mœurs ! Si je n'avais pas eu le bonheur de donner un grand coup d'épée au travers du corps du frère de Mlle Cunégonde, j'étais mangé sans rémission[3]. Mais,

1. Ensemble des règles juridiques d'un État.
2. Envoyèrent comme représentants.
3. Sans indulgence, sans espoir d'être sauvé.

après tout, la pure nature est bonne, puisque ces gens-ci, au lieu de me manger, m'ont fait mille honnêtetés[4] dès qu'ils ont su que je n'étais pas jésuite. »

Chapitre XVII

Arrivée de Candide et de son valet au pays d'Eldorado, et ce qu'ils y virent

QUAND ILS FURENT AUX FRONTIÈRES des Oreillons : « Vous voyez, dit Cacambo à Candide, que cet hémisphère-ci ne vaut pas mieux que l'autre : croyez-moi, retournons en Europe par le plus court. – Comment y retourner ? dit Candide, et où aller ? Si je vais dans mon pays, les Bulgares et les Abares y égorgent tout ; si je retourne en Portugal, j'y suis brûlé ; si nous restons dans ce pays-ci, nous risquons à tout moment d'être mis en broche. Mais comment se résoudre à quitter la partie du monde que Mlle Cunégonde habite ?

– Tournons vers la Cayenne[5], dit Cacambo : nous y trouverons des Français, qui vont par tout le monde ; ils pourront nous aider. Dieu aura peut-être pitié de nous. »

Il n'était pas facile d'aller à la Cayenne : ils savaient bien à peu près de quel côté il fallait marcher ; mais des montagnes, des fleuves, des précipices, des brigands, des sauvages, étaient partout de terribles obstacles. Leurs chevaux moururent de fatigue ; leurs provisions furent consumées ; ils se nourrirent un mois entier de fruits sauvages, et se trouvèrent enfin auprès d'une petite rivière bordée de cocotiers, qui soutinrent leur vie et leurs espérances.

4. Marques de bienveillance, de politesse.
5. Guyane française.

La Providence

La Providence, une notion de nature religieuse, désigne la sagesse de Dieu, qui conduit les destinées du monde pour le bien de tous. Elle implique une forme de savoir supérieur qui, par définition, échappe à l'homme, mais auquel ce dernier fait confiance.
Compte tenu des catastrophes qui s'accumulent dans *Candide*, il est bien évident que Voltaire ne croit guère en son existence. ■

Cacambo, qui donnait toujours d'aussi bons conseils que la vieille, dit à Candide : « Nous n'en pouvons plus, nous avons assez marché ; j'aperçois un canot vide sur le rivage, emplissons-le de cocos[1], jetons-nous dans cette petite barque, laissons-nous aller au courant ; une rivière mène toujours à quelque endroit habité. Si nous ne trouvons pas des choses agréables, nous trouverons du moins des choses nouvelles. – Allons, dit Candide, recommandons-nous à la Providence. »

Ils voguèrent quelques lieues entre des bords tantôt fleuris, tantôt arides, tantôt unis, tantôt escarpés. La rivière s'élargissait toujours ; enfin elle se perdait sous une voûte de rochers épouvantables qui s'élevaient jusqu'au ciel. Les deux voyageurs eurent la hardiesse de s'abandonner aux flots sous cette voûte. Le fleuve, resserré en cet endroit, les porta avec une rapidité et un bruit horrible. Au bout de vingt-quatre heures ils revirent le jour ; mais leur canot se fracassa contre les écueils ; il fallut se traîner de rocher en rocher pendant une lieue entière ; enfin ils découvrirent un horizon immense, bordé de montagnes inaccessibles. Le pays était cultivé pour le plaisir comme pour le besoin ; partout l'utile était agréable. Les chemins étaient couverts ou plutôt ornés de voitures d'une forme et d'une matière brillante, portant des hommes et des femmes d'une beauté singulière, traînés rapidement par de gros moutons rouges[2] qui surpassaient en vitesse les plus beaux chevaux d'Andalousie, de Tétuan et de Méquinez[3].

« Voilà pourtant, dit Candide, un pays qui vaut mieux que la Westphalie. » Il mit pied à terre avec Cacambo auprès du premier village qu'il rencontra. Quelques enfants du village, couverts de brocarts[4] d'or tout déchirés,

1. Noix de coco.
2. Sans doute des lamas du Pérou.
3. Tétouan et Meknès sont des villes du Maroc ; il s'agit donc de chevaux arabes.
4. Riches tissus.

jouaient au palet[5] à l'entrée du bourg ; nos deux hommes de l'autre monde s'amusèrent à les regarder : leurs palets étaient d'assez larges pièces rondes, jaunes, rouges, vertes, qui jetaient un éclat singulier. Il prit envie aux voyageurs d'en ramasser quelques-uns ; c'était de l'or, c'était des émeraudes, des rubis, dont le moindre aurait été le plus grand ornement du trône du Mogol[6]. « Sans doute, dit Cacambo, ces enfants sont les fils du roi du pays qui jouent au petit palet. » Le magister[7] du village parut dans ce moment pour les faire rentrer à l'école. « Voilà, dit Candide, le précepteur de la famille royale. »

Les petits gueux quittèrent aussitôt le jeu, en laissant à terre leurs palets et tout ce qui avait servi à leurs divertissements. Candide les ramasse, court au précepteur, et les lui présente humblement, lui faisant entendre par signes que leurs altesses royales avaient oublié leur or et leurs pierreries. Le magister du village, en souriant, les jeta par terre, regarda un moment la figure de Candide avec beaucoup de surprise, et continua son chemin.

Les voyageurs ne manquèrent pas de ramasser l'or, les rubis et les émeraudes. « Où sommes-nous ? s'écria Candide ; il faut que les enfants des rois de ce pays soient bien élevés, puisqu'on leur apprend à mépriser l'or et les pierreries. » Cacambo était aussi surpris que Candide. Ils approchèrent enfin de la première maison du village ; elle était bâtie comme un palais d'Europe. Une foule de monde s'empressait à la porte, et encore plus dans le logis. Une musique très agréable se faisait entendre, et une odeur délicieuse de cuisine se faisait sentir. Cacambo s'approcha de la porte, et entendit qu'on parlait péruvien ; c'était sa langue maternelle : car tout le monde sait que

5. Pierre plate et ronde qu'on lance vers une cible.
6. Le Grand Mogol, Aurangzeb (1618-1707), empereur de l'Inde.
7. Maître d'école.

Cacambo était né au Tucuman, dans un village où l'on ne connaissait que cette langue. « Je vous servirai d'interprète, dit-il à Candide ; entrons, c'est ici un cabaret. »

Aussitôt deux garçons et deux filles de l'hôtellerie, vêtus de drap d'or, et les cheveux renoués avec des rubans, les invitent à se mettre à la table de l'hôte. On servit quatre potages garnis chacun de deux perroquets, un contour[1] bouilli qui pesait deux cents livres[2], deux singes rôtis d'un goût excellent, trois cents colibris dans un plat, et six cents oiseaux-mouches dans un autre ; des ragoûts exquis, des pâtisseries délicieuses ; le tout dans des plats d'une espèce de cristal de roche[3]. Les garçons et les filles de l'hôtellerie versaient plusieurs liqueurs faites de canne de sucre.

Les convives étaient pour la plupart des marchands et des voituriers, tous d'une politesse extrême, qui firent quelques questions à Cacambo avec la discrétion la plus circonspecte[4], et qui répondirent aux siennes d'une manière à le satisfaire.

Quand le repas fut fini, Cacambo crut, ainsi que Candide, bien payer son écot[5] en jetant sur la table de l'hôte deux de ces larges pièces d'or qu'il avait ramassées ; l'hôte et l'hôtesse éclatèrent de rire, et se tinrent longtemps les côtés. Enfin ils se remirent : « Messieurs, dit l'hôte, nous voyons bien que vous êtes des étrangers ; nous ne sommes pas accoutumés à en voir. Pardonnez-nous si nous nous sommes mis à rire quand vous nous avez offert en payement les cailloux de nos grands chemins. Vous n'avez pas sans doute de la monnaie du pays, mais il n'est pas nécessaire d'en avoir pour dîner ici. Toutes les hôtelleries établies pour la commodité du commerce sont payées par le

1. Autre nom du condor.
2. Environ 100 kg.
3. Cristal naturel, quartz.
4. Prudente.
5. Payer sa part du repas.

gouvernement. Vous avez fait mauvaise chère ici, parce que c'est un pauvre village ; mais partout ailleurs vous serez reçus comme vous méritez de l'être. » Cacambo expliquait à Candide tous les discours de l'hôte, et Candide les écoutait avec la même admiration et le même égarement que son ami Cacambo les rendait. « Quel est donc ce pays, disaient-ils l'un et l'autre, inconnu à tout le reste de la terre, et où toute la nature est d'une espèce si différente de la nôtre ? C'est probablement le pays où tout va bien ; car il faut absolument qu'il y en ait de cette espèce. Et, quoi qu'en dît maître Pangloss, je me suis souvent aperçu que tout allait assez mal en Westphalie. »

Chapitre XVIII

Ce qu'ils virent dans le pays d'Eldorado

CACAMBO TÉMOIGNA À SON HÔTE toute sa curiosité ; l'hôte lui dit : « Je suis fort ignorant, et je m'en trouve bien ; mais nous avons ici un vieillard retiré de la cour, qui est le plus savant homme du royaume, et le plus communicatif. » Aussitôt il mène Cacambo chez le vieillard. Candide ne jouait plus que le second personnage, et accompagnait son valet. Ils entrèrent dans une maison fort simple, car la porte n'était que d'argent, et les lambris[6] des appartements n'étaient que d'or, mais travaillés avec tant de goût que les plus riches lambris ne l'effaçaient pas. L'antichambre n'était à la vérité incrustée que de rubis et d'émeraudes ; mais l'ordre dans lequel tout était arrangé réparait bien cette extrême simplicité.

6. Revêtements intérieurs d'une pièce.

L'Eldorado

Après la conquête espagnole en Amérique du Sud au XVIe siècle, la découverte des richesses de la civilisation inca engendra des pillages, mais donna aussi naissance à un mythe : celui d'une région restée à l'écart des conquistadors, où l'or serait abondant. Plusieurs expéditions tentèrent sans succès de la localiser aux confins de l'Amazonie. Voltaire reprend ici le mythe pour en faire un lieu utopique de sagesse philosophique. ■

Le vieillard reçut les deux étrangers sur un sopha[1] matelassé de plumes de colibri, et leur fit présenter des liqueurs dans des vases de diamant ; après quoi il satisfit à leur curiosité en ces termes :

« Je suis âgé de cent soixante et douze ans, et j'ai appris de feu mon père, écuyer du roi, les étonnantes révolutions du Pérou dont il avait été témoin. Le royaume où nous sommes est l'ancienne patrie des Incas, qui en sortirent très imprudemment pour aller subjuguer[2] une partie du monde, et qui furent enfin détruits par les Espagnols.

« Les princes de leur famille qui restèrent dans leur pays natal furent plus sages ; ils ordonnèrent, du consentement de la nation, qu'aucun habitant ne sortirait jamais de notre petit royaume ; et c'est ce qui nous a conservé notre innocence et notre félicité. Les Espagnols ont eu une connaissance confuse de ce pays, ils l'ont appelé El Dorado, et un Anglais, nommé le chevalier Raleigh[3], en a même approché il y a environ cent années ; mais, comme nous sommes entourés de rochers inabordables et de précipices, nous avons toujours été jusqu'à présent à l'abri de la rapacité des nations de l'Europe, qui ont une fureur inconcevable pour les cailloux et pour la fange[4] de notre terre, et qui, pour en avoir, nous tueraient tous jusqu'au dernier. »

La conversation fut longue ; elle roula sur la forme du gouvernement, sur les mœurs, sur les femmes, sur les spectacles publics, sur les arts. Enfin Candide, qui avait toujours du goût pour la métaphysique, fit demander par Cacambo si dans le pays il y avait une religion.

Le vieillard rougit un peu. « Comment donc, dit-il, en pouvez-vous douter ? Est-ce que vous nous prenez pour des ingrats ? » Cacambo demanda humblement quelle

1. Sofa (lit de repos, canapé).
2. Soumettre.
3. Marin anglais à la recherche de l'Eldorado.
4. Boue.

était la religion d'Eldorado. Le vieillard rougit encore. « Est-ce qu'il peut y avoir deux religions ? dit-il ; nous avons, je crois, la religion de tout le monde : nous adorons Dieu du soir jusqu'au matin. – N'adorez-vous qu'un seul Dieu ? dit Cacambo, qui servait toujours d'interprète aux doutes de Candide. – Apparemment, dit le vieillard, qu'il n'y en a ni deux, ni trois, ni quatre. Je vous avoue que les gens de votre monde font des questions bien singulières. » Candide ne se lassait pas de faire interroger ce bon vieillard ; il voulut savoir comment on priait Dieu dans l'Eldorado. « Nous ne le prions point, dit le bon et respectable sage ; nous n'avons rien à lui demander ; il nous a donné tout ce qu'il nous faut ; nous le remercions sans cesse. » Candide eut la curiosité de voir des prêtres ; il fit demander où ils étaient. Le bon vieillard sourit. « Mes amis, dit-il, nous sommes tous prêtres ; le roi et tous les chefs de famille chantent des cantiques d'actions de grâces solennellement tous les matins ; et cinq ou six mille musiciens les accompagnent.

– Quoi ! vous n'avez point de moines qui enseignent, qui disputent, qui gouvernent, qui cabalent[5], et qui font brûler les gens qui ne sont pas de leur avis ? – Il faudrait que nous fussions fous, dit le vieillard ; nous sommes tous ici du même avis, et nous n'entendons pas ce que vous voulez dire avec vos moines. » Candide à tous ces discours demeurait en extase, et disait en lui-même : « Ceci est bien différent de la Westphalie et du château de monsieur le baron : si notre ami Pangloss avait vu Eldorado, il n'aurait plus dit que le château de Thunder-ten-tronckh était ce qu'il y avait de mieux sur la terre ; il est certain qu'il faut voyager. »

5. Qui complotent.

Après cette longue conversation, le bon vieillard fit atteler un carrosse à six moutons, et donna douze de ses domestiques aux deux voyageurs pour les conduire à la cour : « Excusez-moi, leur dit-il, si mon âge me prive de l'honneur de vous accompagner. Le roi vous recevra d'une manière dont vous ne serez pas mécontents, et vous pardonnerez sans doute aux usages du pays s'il y en a quelques-uns qui vous déplaisent. »

Candide et Cacambo montent en carrosse ; les six moutons volaient, et en moins de quatre heures on arriva au palais du roi, situé à un bout de la capitale. Le portail était de deux cent vingt pieds de haut et de cent de large[1] ; il est impossible d'exprimer quelle en était la matière. On voit assez quelle supériorité prodigieuse elle devait avoir sur ces cailloux et sur ce sable que nous nommons *or* et *pierreries*.

Vingt belles filles de la garde reçurent Candide et Cacambo à la descente du carrosse, les conduisirent aux bains, les vêtirent de robes d'un tissu de duvet de colibri ; après quoi les grands officiers et les grandes officières de la couronne les menèrent à l'appartement de Sa Majesté, au milieu de deux files chacune de mille musiciens, selon l'usage ordinaire. Quand ils approchèrent de la salle du trône, Cacambo demanda à un grand officier comment il fallait s'y prendre pour saluer Sa Majesté ; si on se jetait à genoux ou ventre à terre ; si on mettait les mains sur la tête ou sur le derrière ; si on léchait la poussière de la salle ; en un mot, quelle était la cérémonie. « L'usage, dit le grand officier, est d'embrasser le roi et de le baiser des deux côtés. » Candide et Cacambo sautèrent au cou de Sa Majesté, qui les reçut avec toute la grâce imaginable et qui les pria poliment à souper.

1. Environ 70 mètres sur 30.

En attendant, on leur fit voir la ville, les édifices publics élevés jusqu'aux nues[2], les marchés ornés de mille colonnes, les fontaines d'eau pure, les fontaines d'eau rose, celles de liqueurs de canne de sucre, qui coulaient continuellement dans de grandes places, pavées d'une espèce de pierreries qui répandaient une odeur semblable à celle du girofle et de la cannelle. Candide demanda à voir la cour de justice, le parlement ; on lui dit qu'il n'y en avait point, et qu'on ne plaidait jamais. Il s'informa s'il y avait des prisons, et on lui dit que non. Ce qui le surprit davantage, et qui lui fit le plus de plaisir, ce fut le palais des sciences, dans lequel il vit une galerie de deux mille pas[3], toute pleine d'instruments de mathématique et de physique.

Après avoir parcouru, toute l'après-dînée, à peu près la millième partie de la ville, on les ramena chez le roi. Candide se mit à table entre Sa Majesté, son valet Cacambo et plusieurs dames. Jamais on ne fit meilleure chère, et jamais on n'eut plus d'esprit à souper qu'en eut Sa Majesté. Cacambo expliquait les bons mots du roi à Candide, et quoique traduits, ils paraissaient toujours des bons mots. De tout ce qui étonnait Candide, ce n'était pas ce qui l'étonna le moins.

Ils passèrent un mois dans cet hospice[4]. Candide ne cessait de dire à Cacambo : « Il est vrai, mon ami, encore une fois, que le château où je suis né ne vaut pas le pays où nous sommes ; mais enfin Mlle Cunégonde n'y est pas, et vous avez sans doute quelque maîtresse en Europe. Si nous restons ici, nous n'y serons que comme les autres ; au lieu que si nous retournons dans notre monde seulement avec douze moutons chargés de cailloux d'Eldorado,

2. Jusqu'aux nuages.
3. Mesure géométrique (correspondant à une enjambée).
4. Asile, refuge.

nous serons plus riches que tous les rois ensemble, nous n'aurons plus d'inquisiteurs à craindre, et nous pourrons aisément reprendre Mlle Cunégonde. »

Ce discours plut à Cacambo : on aime tant à courir, à se faire valoir chez les siens, à faire parade de ce qu'on a vu dans ses voyages, que les deux heureux résolurent de ne plus l'être et de demander leur congé à Sa Majesté.

« Vous faites une sottise, leur dit le roi ; je sais bien que mon pays est peu de chose ; mais, quand on est passablement quelque part, il faut y rester ; je n'ai pas assurément le droit de retenir des étrangers ; c'est une tyrannie qui n'est ni dans nos mœurs, ni dans nos lois : tous les hommes sont libres ; partez quand vous voudrez, mais la sortie est bien difficile. Il est impossible de remonter la rivière rapide sur laquelle vous êtes arrivés par miracle, et qui court sous des voûtes de rochers. Les montagnes qui entourent tout mon royaume ont dix mille pieds de hauteur, et sont droites comme des murailles ; elles occupent chacune en largeur un espace de plus de dix lieues ; on ne peut en descendre que par des précipices. Cependant, puisque vous voulez absolument partir, je vais donner ordre aux intendants des machines d'en faire une qui puisse vous transporter commodément. Quand on vous aura conduits au revers des montagnes, personne ne pourra vous accompagner ; car mes sujets ont fait vœu de ne jamais sortir de leur enceinte, et ils sont trop sages pour rompre leur vœu. Demandez-moi d'ailleurs tout ce qu'il vous plaira. – Nous ne demandons à Votre Majesté, dit Cacambo, que quelques moutons chargés de vivres, de cailloux, et de la boue du pays. » Le roi rit. « Je ne conçois pas, dit-il, quel goût vos gens d'Europe ont pour notre

Comment représenter les personnages de *Candide* ?

Analyse d'images ▶ p. 154

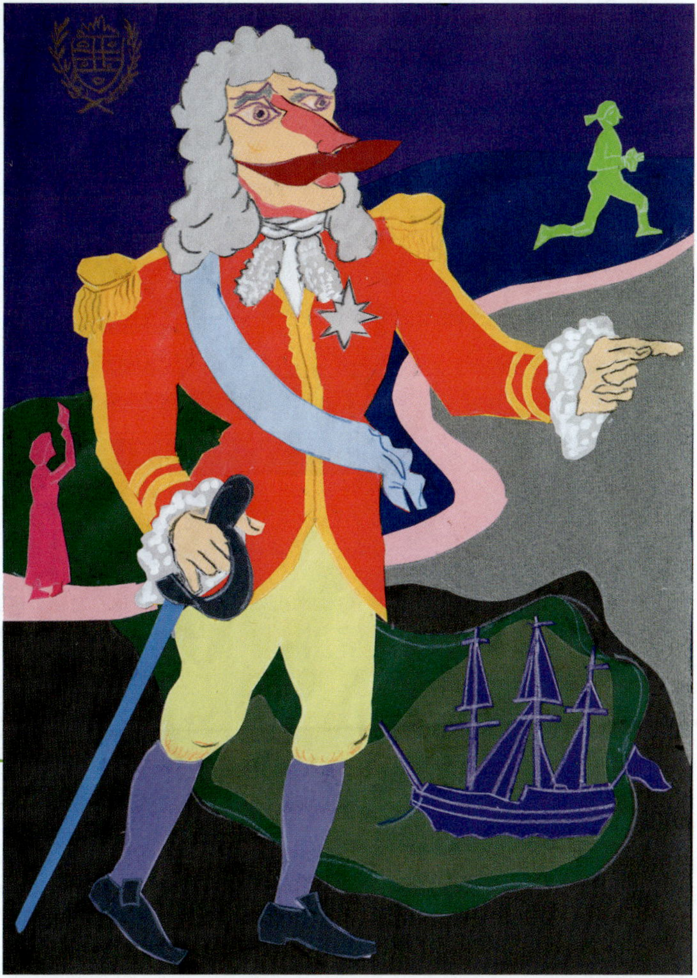

Le Gouverneur de Buenos Aires

Collage de Hugh Bulley pour le chapitre XIII de *Candide*, 2006.

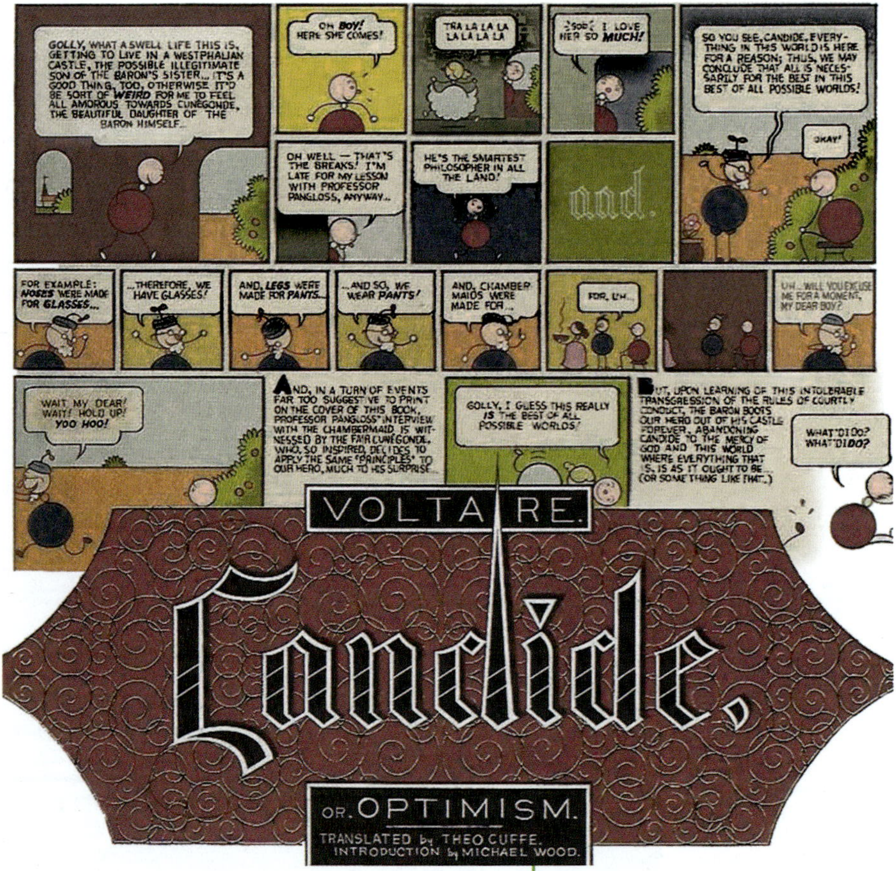

Couverture de *Candide*

Illustration de Chris Ware (Penguin Classic), 2005.

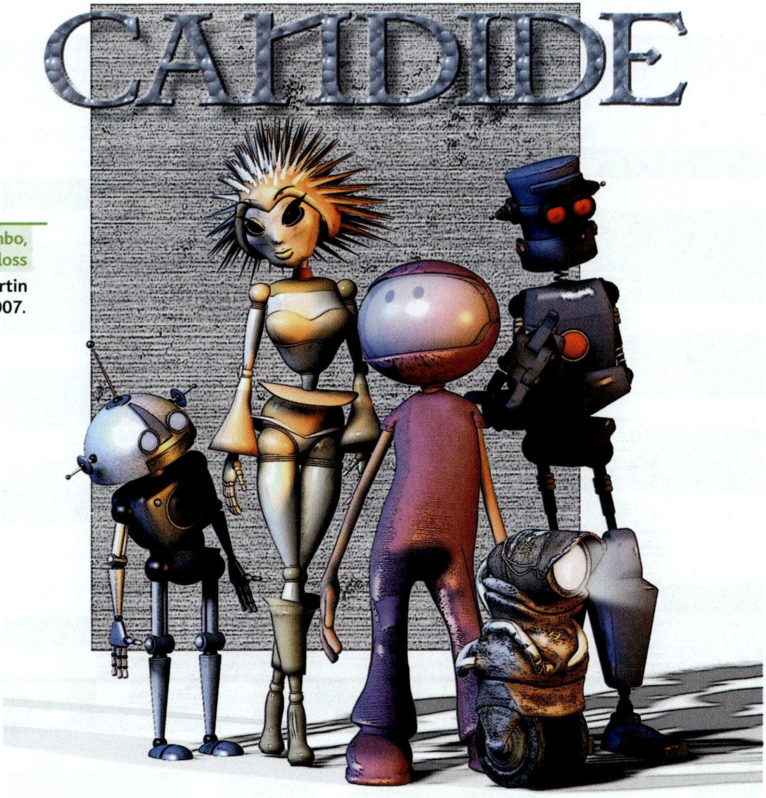

Candide, Cacambo, Cunégonde et Pangloss
Illustration de Sean Martin pour *Candide*, 2007.

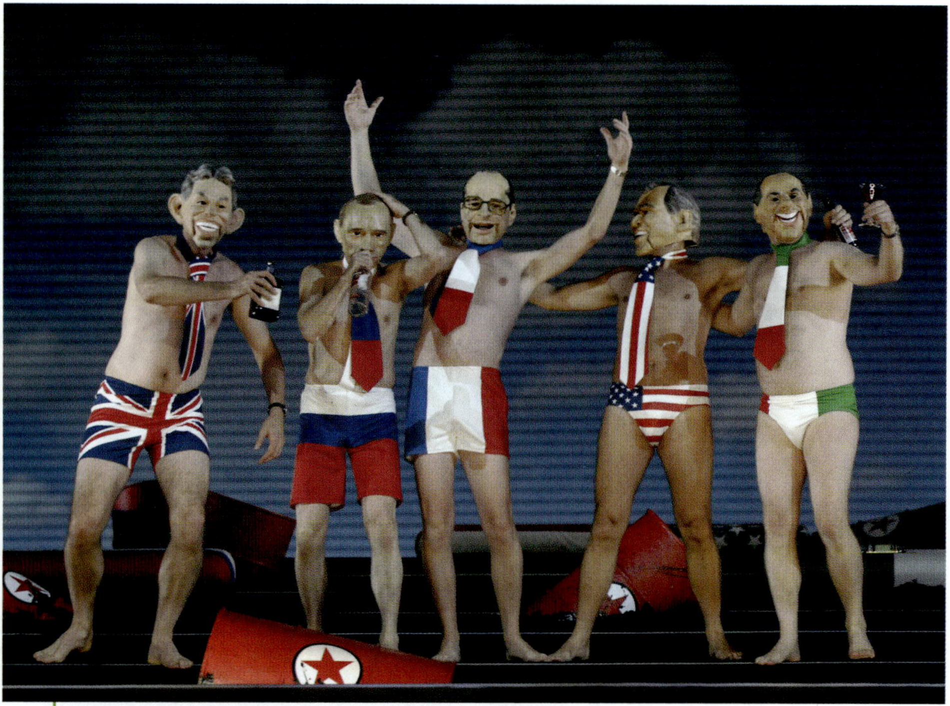

Candide, opéra de Leonard Bernstein

Mise en scène de Robert Carsen, Théâtre du Châtelet, Paris, 2006.

boue jaune ; mais emportez-en tant que vous voudrez, et grand bien vous fasse. »

Il donna l'ordre sur-le-champ à ses ingénieurs de faire une machine pour guinder[1] ces deux hommes extraordinaires hors du royaume. Trois mille bons physiciens y travaillèrent ; elle fut prête au bout de quinze jours, et ne coûta pas plus de vingt millions de livres sterling[2], monnaie du pays. On mit sur la machine Candide et Cacambo ; il y avait deux grands moutons rouges sellés et bridés pour leur servir de monture quand ils auraient franchi les montagnes, vingt moutons de bât[3] chargés de vivres, trente qui portaient des présents de ce que le pays a de plus curieux, et cinquante chargés d'or, de pierreries et de diamants. Le roi embrassa tendrement les deux vagabonds.

Ce fut un beau spectacle que leur départ, et la manière ingénieuse dont ils furent hissés, eux et leurs moutons, au haut des montagnes. Les physiciens prirent congé d'eux après les avoir mis en sûreté, et Candide n'eut plus d'autre désir et d'autre objet que d'aller présenter ses moutons à Mlle Cunégonde. « Nous avons, dit-il, de quoi payer le gouverneur de Buenos-Ayres, si Mlle Cunégonde peut être mise à prix. Marchons vers la Cayenne, embarquons-nous, et nous verrons ensuite quel royaume nous pourrons acheter. »

1. Hisser.
2. Monnaie anglaise.
3. Qui servent à transporter une charge.

Chapitre XIX

Ce qui leur arriva à Surinam[1], et comment Candide fit connaissance avec Martin

La première journée de nos deux voyageurs fut assez agréable. Ils étaient encouragés par l'idée de se voir possesseurs de plus de trésors que l'Asie, l'Europe et l'Afrique n'en pouvaient rassembler. Candide, transporté[2], écrivit le nom de Cunégonde sur les arbres. À la seconde journée deux de leurs moutons s'enfoncèrent dans des marais, et y furent abîmés[3] avec leurs charges ; deux autres moutons moururent de fatigue quelques jours après ; sept ou huit périrent ensuite de faim dans un désert ; d'autres tombèrent au bout de quelques jours dans des précipices. Enfin, après cent jours de marche, il ne leur resta que deux moutons. Candide dit à Cacambo : « Mon ami, vous voyez comme les richesses de ce monde sont périssables ; il n'y a rien de solide que la vertu et le bonheur de revoir Mlle Cunégonde. – Je l'avoue, dit Cacambo ; mais il nous reste encore deux moutons avec plus de trésors que n'en aura jamais le roi d'Espagne, et je vois de loin une ville que je soupçonne être Surinam, appartenant aux Hollandais. Nous sommes au bout de nos peines et au commencement de notre félicité. »

En approchant de la ville, ils rencontrèrent un nègre étendu par terre, n'ayant plus que la moitié de son habit, c'est-à-dire d'un caleçon de toile bleue ; il manquait à ce pauvre homme la jambe gauche et la main droite. « Eh, mon Dieu ! lui dit Candide en hollandais, que fais-tu là, mon ami, dans l'état horrible où je te vois ? – J'attends mon maître, M. Vanderdendur, le fameux négociant,

1. Anciennement, la Guyane hollandaise (pays voisin de la Guyane française).
2. Excité.
3. Engloutis.

répondit le nègre. – Est-ce M. Vanderdendur, dit Candide, qui t'a traité ainsi ? – Oui, monsieur, dit le nègre, c'est l'usage. On nous donne un caleçon de toile pour tout vêtement deux fois l'année. Quand nous travaillons aux sucreries, et que la meule[4] nous attrape le doigt, on nous coupe la main ; quand nous voulons nous enfuir, on nous coupe la jambe : je me suis trouvé dans les deux cas. C'est à ce prix que vous mangez du sucre en Europe. Cependant, lorsque ma mère me vendit dix écus patagons[5] sur la côte de Guinée[6], elle me disait : "Mon cher enfant, bénis nos fétiches[7], adore-les toujours, ils te feront vivre heureux, tu as l'honneur d'être esclave de nos seigneurs les blancs, et tu fais par là la fortune de ton père et de ta mère." Hélas ! je ne sais pas si j'ai fait leur fortune, mais ils n'ont pas fait la mienne. Les chiens, les singes et les perroquets sont mille fois moins malheureux que nous. Les fétiches hollandais qui m'ont converti me disent tous les dimanches que nous sommes tous enfants d'Adam, blancs et noirs. Je ne suis pas généalogiste ; mais si ces prêcheurs disent vrai, nous sommes tous cousins issus de germains. Or vous m'avouerez qu'on ne peut pas en user avec ses parents d'une manière plus horrible.

– Ô Pangloss ! s'écria Candide, tu n'avais pas deviné cette abomination ; c'en est fait, il faudra qu'à la fin je renonce à ton optimisme. – Qu'est-ce qu'optimisme ? disait Cacambo. – Hélas ! dit Candide, c'est la rage de soutenir que tout est bien quand on est mal. » Et il versait des larmes en regardant son nègre, et en pleurant il entra dans Surinam.

La première chose dont ils s'informent, c'est s'il n'y a point au port quelque vaisseau qu'on pût envoyer à

Le prix du sucre

Le récit de l'esclave évoque le commerce triangulaire entre l'Afrique, l'Amérique et l'Europe. Acheté en Guinée, le nègre de Surinam a été vendu en Amérique comme esclave à un exploitant de canne à sucre, et le récit précise ironiquement que c'est « le prix à payer pour avoir du sucre en Europe ». ■

4. Cylindre servant à broyer.
5. Monnaie utilisée en Espagne et en Flandre.
6. Pays d'Afrique.
7. Ici, pasteurs.

Buenos-Ayres. Celui à qui ils s'adressèrent était justement un patron espagnol, qui s'offrit à faire avec eux un marché honnête. Il leur donna rendez-vous dans un cabaret. Candide et le fidèle Cacambo allèrent l'y attendre avec leurs deux moutons.

Candide, qui avait le cœur sur les lèvres, conta à l'Espagnol toutes ses aventures, et lui avoua qu'il voulait enlever Mlle Cunégonde. « Je me garderai bien de vous passer à Buenos-Ayres, dit le patron : je serais pendu et vous aussi. La belle Cunégonde est la maîtresse favorite de monseigneur. » Ce fut un coup de foudre pour Candide ; il pleura longtemps ; enfin il tira à part Cacambo : « Voici, mon cher ami, lui dit-il, ce qu'il faut que tu fasses. Nous avons chacun dans nos poches pour cinq ou six millions de diamants ; tu es plus habile que moi ; va prendre Mlle Cunégonde à Buenos-Ayres. Si le gouverneur fait quelques difficultés, donne-lui un million ; s'il ne se rend pas, donne-lui-en deux ; tu n'as point tué d'inquisiteur, on ne se défiera point de toi. J'équiperai un autre vaisseau ; j'irai t'attendre à Venise ; c'est un pays libre où l'on n'a rien à craindre ni des Bulgares, ni des Abares, ni des Juifs, ni des inquisiteurs. » Cacambo applaudit à cette sage résolution. Il était au désespoir de se séparer d'un bon maître, devenu son ami intime ; mais le plaisir de lui être utile l'emporta sur la douleur de le quitter. Ils s'embrassèrent en versant des larmes. Candide lui recommanda de ne point oublier la bonne vieille. Cacambo partit dès le jour même : c'était un très bon homme que ce Cacambo.

Candide resta encore quelque temps à Surinam, et attendit qu'un autre patron voulût le mener en Italie, lui et les deux moutons qui lui restaient. Il prit des domestiques, et acheta tout ce qui lui était nécessaire pour un long voyage ; enfin M. Vanderdendur, maître d'un gros vaisseau, vint se présenter à lui. « Combien voulez-vous, demanda-t-il à cet homme, pour me mener en droiture[1] à Venise, moi, mes gens, mon bagage, et les deux moutons que voilà ? » Le patron s'accorda à dix mille piastres[2]. Candide n'hésita pas.

« Oh ! oh ! dit à part soi le prudent Vanderdendur, cet étranger donne dix mille piastres tout d'un coup ! il faut qu'il soit bien riche. » Puis, revenant un moment après, il signifia qu'il ne pouvait partir à moins de vingt mille. « Eh bien ! vous les aurez », dit Candide.

« Ouais ! se dit tout bas le marchand, cet homme donne vingt mille piastres aussi aisément que dix mille. » Il revint encore, et dit qu'il ne pouvait le conduire à Venise à moins de trente mille piastres. « Vous en aurez donc trente mille », répondit Candide.

« Oh ! oh ! se dit encore le marchand hollandais, trente mille piastres ne coûtent rien à cet homme-ci ; sans doute les deux moutons portent des trésors immenses ; n'insistons pas davantage : faisons-nous d'abord payer les trente mille piastres, et puis nous verrons. » Candide vendit deux petits diamants, dont le moindre valait plus que tout l'argent que demandait le patron. Il le paya d'avance. Les deux moutons furent embarqués. Candide suivait dans un petit bateau pour joindre le vaisseau à la rade ; le patron prend son temps, met à la voile, démarre ; le vent le favorise. Candide, éperdu et stupéfait, le perd bientôt de vue. « Hélas ! cria-t-il, voilà un tour digne de l'ancien monde. » Il retourne au rivage, abîmé dans la douleur ;

1. Directement.
2. Monnaie d'argent.

car enfin il avait perdu de quoi faire la fortune de vingt monarques.

Il se transporte chez le juge hollandais ; et comme il était un peu troublé, il frappe rudement à la porte ; il entre, expose son aventure, et crie un peu plus haut qu'il ne convenait. Le juge commença par lui faire payer dix mille piastres pour le bruit qu'il avait fait. Ensuite il l'écouta patiemment, lui promit d'examiner son affaire sitôt que le marchand serait revenu, et se fit payer dix mille autres piastres pour les frais de l'audience.

Ce procédé acheva de désespérer Candide ; il avait à la vérité essuyé des malheurs mille fois plus douloureux ; mais le sang-froid du juge, et celui du patron dont il était volé, alluma sa bile[1], et le plongea dans une noire mélancolie[2]. La méchanceté des hommes se présentait à son esprit dans toute sa laideur ; il ne se nourrissait que d'idées tristes. Enfin, un vaisseau français étant sur le point de partir pour Bordeaux, comme il n'avait plus de moutons chargés de diamants à embarquer, il loua une chambre du vaisseau à juste prix, et fit signifier dans la ville qu'il payerait le passage, la nourriture, et donnerait deux mille piastres à un honnête homme qui voudrait faire le voyage avec lui, à condition que cet homme serait le plus dégoûté de son état et le plus malheureux de la province.

Il se présenta une foule de prétendants[3] qu'une flotte n'aurait pu contenir. Candide voulant choisir entre les plus apparents[4], il distingua une vingtaine de personnes qui lui paraissaient assez sociables, et qui toutes prétendaient mériter la préférence. Il les assembla dans son cabaret, et leur donna à souper, à condition que chacun

1. Le mit en colère.
2. Humeur noire.
3. Candidats à la fonction.
4. Les plus notables, les plus importants.

ferait serment de raconter fidèlement son histoire, promettant de choisir celui qui lui paraîtrait le plus à plaindre et le plus mécontent de son état à plus juste titre, et de donner aux autres quelques gratifications[5].

La séance dura jusqu'à quatre heures du matin. Candide, en écoutant toutes leurs aventures, se ressouvenait de ce que lui avait dit la vieille en allant à Buenos-Ayres, et de la gageure qu'elle avait faite, qu'il n'y avait personne sur le vaisseau à qui il ne fût arrivé de très grands malheurs. Il songeait à Pangloss à chaque aventure qu'on lui contait. « Ce Pangloss, disait-il, serait bien embarrassé à démontrer son système. Je voudrais qu'il fût ici. Certainement, si tout va bien, c'est dans Eldorado, et non pas dans le reste de la terre. » Enfin il se détermina en faveur d'un pauvre savant qui avait travaillé dix ans pour les libraires d'Amsterdam. Il jugea qu'il n'y avait point de métier au monde dont on dût être plus dégoûté.

Ce savant, qui était d'ailleurs un bon homme, avait été volé par sa femme, battu par son fils, et abandonné de sa fille qui s'était fait enlever par un Portugais. Il venait d'être privé d'un petit emploi duquel il subsistait ; et les prédicants[6] de Surinam le persécutaient parce qu'ils le prenaient pour un socinien[7]. Il faut avouer que les autres étaient pour le moins aussi malheureux que lui ; mais Candide espérait que le savant le désennuierait dans le voyage. Tous ses autres rivaux trouvèrent que Candide leur faisait une grande injustice ; mais il les apaisa en leur donnant à chacun cent piastres.

5. Récompenses en argent.
6. Prédicateurs protestants (font des sermons).
7. Qui appartient à un mouvement protestant.

Chapitre XX

Ce qui arriva sur mer à Candide et à Martin

Le vieux savant, qui s'appelait Martin, s'embarqua donc pour Bordeaux avec Candide. L'un et l'autre avaient beaucoup vu et beaucoup souffert ; et quand le vaisseau aurait dû faire voile de Surinam au Japon par le cap de Bonne-Espérance, ils auraient eu de quoi s'entretenir du mal moral et du mal physique pendant tout le voyage.

Cependant Candide avait un grand avantage sur Martin, c'est qu'il espérait toujours revoir Mlle Cunégonde, et que Martin n'avait rien à espérer ; de plus, il avait de l'or et des diamants ; et, quoiqu'il eût perdu cent gros moutons rouges chargés des plus grands trésors de la terre, quoiqu'il eût toujours sur le cœur la friponnerie du patron hollandais, cependant, quand il songeait à ce qui lui restait dans ses poches, et quand il parlait de Cunégonde, surtout à la fin du repas, il penchait alors pour le système de Pangloss.

« Mais vous, monsieur Martin, dit-il au savant, que pensez-vous de tout cela ? Quelle est votre idée sur le mal moral et le mal physique ? – Monsieur, répondit Martin, mes prêtres m'ont accusé d'être socinien ; mais la vérité du fait est que je suis manichéen. – Vous vous moquez de moi, dit Candide, il n'y a plus de manichéens dans le monde. – Il y a moi, dit Martin ; je ne sais qu'y faire, mais je ne peux penser autrement. – Il faut que vous ayez le diable au corps, dit Candide. – Il se mêle si fort des affaires de ce monde, dit Martin, qu'il pourrait bien être dans mon corps, comme partout ailleurs ; mais je vous avoue

Le manichéisme

Le manichéisme est une doctrine religieuse dont le fondateur, Manès (vers 215-276), expliquait la Création par le conflit de deux principes : le Bien (la lumière ; Dieu) et le Mal (les ténèbres ; le Diable). Violemment combattu par les chrétiens parce qu'il mettait en question la toute-puissance de Dieu en lui opposant une force maléfique d'égal pouvoir, le manichéisme a disparu comme religion, mais l'idée générale s'est maintenue. ■

qu'en jetant la vue sur ce globe, ou plutôt sur ce globule[1], je pense que Dieu l'a abandonné à quelque être malfaisant ; j'en excepte toujours Eldorado. Je n'ai guère vu de ville qui ne désirât la ruine de la ville voisine, point de famille qui ne voulût exterminer quelque autre famille. Partout les faibles ont en exécration les puissants devant lesquels ils rampent, et les puissants les traitent comme des troupeaux dont on vend la laine et la chair. Un million d'assassins enrégimentés, courant d'un bout de l'Europe à l'autre, exerce le meurtre et le brigandage avec discipline pour gagner son pain, parce qu'il n'a pas de métier plus honnête ; et dans les villes qui paraissent jouir de la paix et où les arts fleurissent, les hommes sont dévorés de plus d'envie, de soins et d'inquiétudes qu'une ville assiégée n'éprouve de fléaux[2]. Les chagrins secrets sont encore plus cruels que les misères publiques. En un mot, j'en ai tant vu, et tant éprouvé, que je suis manichéen.

– Il y a pourtant du bon, répliquait Candide. – Cela peut être, disait Martin, mais je ne le connais pas. »

Au milieu de cette dispute[3], on entendit un bruit de canon. Le bruit redouble de moment en moment. Chacun prend sa lunette[4]. On aperçoit deux vaisseaux qui combattaient à la distance d'environ trois milles ; le vent les amena l'un et l'autre si près du vaisseau français qu'on eut le plaisir de voir le combat tout à son aise. Enfin l'un des deux vaisseaux lâcha à l'autre une bordée si bas et si juste qu'il le coula à fond. Candide et Martin aperçurent distinctement une centaine d'hommes sur le tillac[5] du vaisseau qui s'enfonçait ; ils levaient tous les mains au ciel et jetaient des clameurs effroyables ; en un moment tout fut englouti.

1. Très petit globe.
2. Calamités, catastrophes.
3. Débat, discussion sur des sujets sérieux.
4. Longue-vue.
5. Pont supérieur d'un navire.

« Eh bien ! dit Martin, voilà comme les hommes se traitent les uns les autres. – Il est vrai, dit Candide, qu'il y a quelque chose de diabolique dans cette affaire. » En parlant ainsi, il aperçut je ne sais quoi d'un rouge éclatant qui nageait auprès de son vaisseau. On détacha la chaloupe pour voir ce que ce pouvait être : c'était un de ses moutons. Candide eut plus de joie de retrouver ce mouton qu'il n'avait été affligé d'en perdre cent tous chargés de gros diamants d'Eldorado.

Le capitaine français aperçut bientôt que le capitaine du vaisseau submergeant était espagnol, et que celui du vaisseau submergé était un pirate hollandais ; c'était celui-là même qui avait volé Candide. Les richesses immenses dont ce scélérat s'était emparé furent ensevelies avec lui dans la mer, et il n'y eut qu'un mouton de sauvé. « Vous voyez, dit Candide à Martin, que le crime est puni quelquefois : ce coquin de patron hollandais a eu le sort qu'il méritait. – Oui, dit Martin, mais fallait-il que les passagers qui étaient sur son vaisseau périssent aussi ? Dieu a puni ce fripon, le diable a noyé les autres. »

Cependant le vaisseau français et l'espagnol continuèrent leur route, et Candide continua ses conversations avec Martin. Ils disputèrent quinze jours de suite, et au bout de quinze jours ils étaient aussi avancés que le premier. Mais enfin ils parlaient, ils se communiquaient des idées, ils se consolaient. Candide caressait son mouton. « Puisque je t'ai retrouvé, dit-il, je pourrai bien retrouver Cunégonde. »

Chapitre XXI

Candide et Martin approchent des côtes de France et raisonnent

On aperçut enfin les côtes de France. « Avez-vous jamais été en France, monsieur Martin ? dit Candide. – Oui, dit Martin, j'ai parcouru plusieurs provinces. Il y en a où la moitié des habitants est folle, quelques-unes où l'on est trop rusé, d'autres où l'on est communément assez doux et assez bête, d'autres où l'on fait le bel esprit ; et dans toutes, la principale occupation est l'amour, la seconde de médire, et la troisième de dire des sottises. – Mais, monsieur Martin, avez-vous vu Paris ? – Oui, j'ai vu Paris ; il tient de toutes ces espèces-là ; c'est un chaos, c'est une presse[1] dans laquelle tout le monde cherche le plaisir, et où presque personne ne le trouve, du moins à ce qu'il m'a paru. J'y ai séjourné peu ; j'y fus volé, en arrivant, de tout ce que j'avais, par des filous, à la foire Saint-Germain[2] ; on me prit moi-même pour un voleur, et je fus huit jours en prison ; après quoi je me fis correcteur d'imprimerie pour gagner de quoi retourner à pied en Hollande. Je connus la canaille écrivante, la canaille cabalante, et la canaille convulsionnaire. On dit qu'il y a des gens fort polis[3] dans cette ville-là ; je le veux croire.

– Pour moi, je n'ai nulle curiosité de voir la France, dit Candide ; vous devinez aisément que, quand on a passé un mois dans Eldorado, on ne se soucie plus de rien voir sur la terre que Mlle Cunégonde ; je vais l'attendre à Venise ; nous traverserons la France pour aller en Italie ; ne m'accompagnerez-vous pas ? – Très volontiers, dit

Convulsionnaires de Saint Médard

À la mort de François de Pâris, un diacre janséniste (en 1727), des fidèles venus prier sur sa tombe au cimetière Saint-Médard connaissent des crises mystiques entraînant de violentes convulsions. La rumeur se répand, on fait état de guérisons miraculeuses. L'Église condamne ces manifestations et le pouvoir royal finit par fermer le cimetière en 1732. Mais le phénomène se poursuivra clandestinement, presque jusqu'à la Révolution. ■

1. Une foule.
2. Célèbre foire parisienne, qui durait deux mois.
3. Distingués, civilisés.

Martin ; on dit que Venise n'est bonne que pour les nobles Vénitiens, mais que cependant on y reçoit très bien les étrangers quand ils ont beaucoup d'argent ; je n'en ai point, vous en avez, je vous suivrai partout. – À propos, dit Candide, pensez-vous que la terre ait été originairement une mer, comme on l'assure dans ce gros livre qui appartient au capitaine du vaisseau ? – Je n'en crois rien du tout, dit Martin, non plus que de toutes les rêveries qu'on nous débite depuis quelque temps. – Mais à quelle fin ce monde a-t-il donc été formé ? dit Candide. – Pour nous faire enrager, répondit Martin. – N'êtes-vous pas bien étonné, continua Candide, de l'amour que ces deux filles du pays des Oreillons avaient pour ces deux singes, et dont je vous ai conté l'aventure ? – Point du tout, dit Martin ; je ne vois pas ce que cette passion a d'étrange ; j'ai tant vu de choses extraordinaires, qu'il n'y a plus rien d'extraordinaire. – Croyez-vous, dit Candide, que les hommes se soient toujours mutuellement massacrés comme ils font aujourd'hui ? qu'ils aient toujours été menteurs, fourbes, perfides, ingrats, brigands, faibles, volages, lâches, envieux, gourmands, ivrognes, avares, ambitieux, sanguinaires, calomniateurs[1], débauchés, fanatiques, hypocrites et sots ? – Croyez-vous, dit Martin, que les éperviers aient toujours mangé des pigeons quand ils en ont trouvé ? – Oui, sans doute, dit Candide. – Eh bien ! dit Martin, si les éperviers ont toujours eu le même caractère, pourquoi voulez-vous que les hommes aient changé le leur ? – Oh ! dit Candide, il y a bien de la différence, car le libre arbitre[2]... » En raisonnant ainsi, ils arrivèrent à Bordeaux.

1. Qui répandent de fausses accusations.
2. Capacité de l'homme à choisir entre des possibles, ce qui le distinguerait des animaux, soumis à l'instinct.

Chapitre XXII

Ce qui arriva en France à Candide et à Martin

CANDIDE NE S'ARRÊTA DANS BORDEAUX qu'autant de temps qu'il en fallait pour vendre quelques cailloux du Dorado, et pour s'accommoder d'une bonne chaise à deux places[3] ; car il ne pouvait plus se passer de son philosophe Martin. Il fut seulement très fâché de se séparer de son mouton, qu'il laissa à l'Académie des sciences de Bordeaux, laquelle proposa pour le sujet du prix de cette année de trouver pourquoi la laine de ce mouton était rouge ; et le prix fut adjugé à un savant du Nord[4], qui démontra par A plus B, moins C, divisé par Z, que le mouton devait être rouge, et mourir de la clavelée[5].

Cependant tous les voyageurs que Candide rencontra dans les cabarets de la route lui disaient : « Nous allons à Paris. » Cet empressement général lui donna enfin l'envie de voir cette capitale ; ce n'était pas beaucoup se détourner du chemin de Venise.

Il entra par le faubourg Saint-Marceau[6], et crut être dans le plus vilain village de la Westphalie.

À peine Candide fut-il dans son auberge qu'il fut attaqué d'une maladie légère causée par ses fatigues. Comme il avait au doigt un diamant énorme, et qu'on avait aperçu dans son équipage une cassette prodigieusement pesante, il eut aussitôt auprès de lui deux médecins qu'il n'avait pas mandés[7], quelques amis intimes qui ne le quittèrent pas, et deux dévotes qui faisaient chauffer ses bouillons. Martin disait : « Je me souviens d'avoir été malade aussi à Paris dans mon premier voyage ; j'étais fort pauvre : aussi n'eus-je ni amis, ni dévotes, ni médecins, et je guéris. »

3. Chaise à porteurs.
4. Maupertuis (1698-1759), savant français qui s'était disputé avec Voltaire.
5. Maladie des animaux à laine.
6. Faubourg au sud de Paris.
7. Qu'il n'avait pas demandé de faire venir.

Enterrement à Paris

Au XVIIIe siècle, l'habitude se répand de demander à un prêtre une lettre attestant que l'on n'est pas janséniste, pour être assuré d'avoir droit à un enterrement chrétien. En effet, les jansénistes (voir encadré, p. 91) étaient à l'époque pourchassés par le pouvoir en place. C'est donc cette lettre qui est proposée à Candide. ■

Cependant, à force de médecines[1] et de saignées[2], la maladie de Candide devint sérieuse. Un habitué[3] du quartier vint avec douceur lui demander un billet payable au porteur[4] pour l'autre monde ; Candide n'en voulut rien faire. Les dévotes l'assurèrent que c'était une nouvelle mode ; Candide répondit qu'il n'était point homme à la mode. Martin voulut jeter l'habitué par les fenêtres. Le clerc jura qu'on n'enterrerait point Candide. Martin jura qu'il enterrerait le clerc[5] s'il continuait à les importuner. La querelle s'échauffa ; Martin le prit par les épaules et le chassa rudement ; ce qui causa un grand scandale, dont on fit un procès-verbal.

Candide guérit ; et pendant sa convalescence il eut très bonne compagnie à souper chez lui. On jouait gros jeu. Candide était tout étonné que jamais les as ne lui vinssent ; et Martin ne s'en étonnait pas.

Parmi ceux qui lui faisaient les honneurs de la ville, il y avait un petit abbé périgourdin[6], l'un de ces gens empressés, toujours alertes, toujours serviables, effrontés, caressants, accommodants, qui guettent les étrangers à leur passage, leur content l'histoire scandaleuse de la ville, et leur offrent des plaisirs à tout prix. Celui-ci mena d'abord Candide et Martin à la comédie. On y jouait une tragédie nouvelle. Candide se trouva placé auprès de quelques beaux esprits. Cela ne l'empêcha pas de pleurer à des scènes jouées parfaitement. Un des raisonneurs qui étaient à ses côtés lui dit dans un entracte : « Vous avez grand tort de pleurer : cette actrice est fort mauvaise ; l'acteur qui joue avec elle est plus mauvais acteur encore ; la pièce est encore plus mauvaise que les acteurs ; l'auteur ne sait pas un mot d'arabe, et cependant la scène est en Arabie ; et,

1. Remèdes.
2. Extraction de sang en grande quantité.
3. Prêtre affecté à une paroisse.
4. Chèque dont le bénéficiaire n'est pas mentionné.
5. Le prêtre.
6. Originaire de Périgueux ou du Périgord.

de plus, c'est un homme qui ne croit pas aux idées innées[7] : je vous apporterai demain vingt brochures contre lui. – Monsieur, combien avez-vous de pièces de théâtre en France ? » dit Candide à l'abbé ; lequel répondit : « Cinq ou six mille. – C'est beaucoup, dit Candide ; combien y en a-t-il de bonnes ? – Quinze ou seize, répliqua l'autre. – C'est beaucoup », dit Martin.

Candide fut très content d'une actrice qui faisait la reine Élisabeth dans une assez plate tragédie[8] que l'on joue quelquefois. « Cette actrice, dit-il à Martin, me plaît beaucoup ; elle a un faux air de Mlle Cunégonde ; je serais bien aise de la saluer. » L'abbé périgourdin s'offrit à l'introduire chez elle. Candide, élevé en Allemagne, demanda quelle était l'étiquette, et comment on traitait en France les reines d'Angleterre. « Il faut distinguer, dit l'abbé ; en province, on les mène au cabaret ; à Paris, on les respecte quand elles sont belles, et on les jette à la voirie quand elles sont mortes. – Des reines à la voirie ! dit Candide. – Oui vraiment, dit Martin ; monsieur l'abbé a raison : j'étais à Paris quand Mlle Monime[9] passa, comme on dit, de cette vie à l'autre ; on lui refusa ce que ces gens-ci appellent *les honneurs de la sépulture*, c'est-à-dire de pourrir avec tous les gueux du quartier dans un vilain cimetière ; elle fut enterrée toute seule de sa bande au coin de la rue de Bourgogne ; ce qui dut lui faire une peine extrême, car elle pensait très noblement. – Cela est bien impoli, dit Candide. – Que voulez-vous ? dit Martin ; ces gens-ci sont ainsi faits. Imaginez toutes les contradictions, toutes les incompatibilités possibles, vous les verrez dans le gouvernement, dans les tribunaux, dans les églises, dans les spectacles de cette drôle de nation. – Est-il vrai qu'on

7. Référence aux thèses de Descartes sur l'origine des idées, réfutées par Locke, le maître à penser de Voltaire (voir Contextes, p. 6).
8. *Le Comte d'Essex*, de Thomas Corneille.
9. Adrienne Lecouvreur, tragédienne appréciée de Voltaire, qui a joué dans certaines de ses pièces.

rit toujours à Paris ? dit Candide. – Oui, dit l'abbé, mais c'est en enrageant ; car on s'y plaint de tout avec de grands éclats de rire ; et même on y fait en riant les actions les plus détestables.

– Quel est, dit Candide, ce gros cochon qui me disait tant de mal de la pièce où j'ai tant pleuré et des acteurs qui m'ont fait tant de plaisir ? – C'est un mal vivant, répondit l'abbé, qui gagne sa vie à dire du mal de toutes les pièces et de tous les livres ; il hait quiconque réussit, comme les eunuques[1] haïssent les jouissants : c'est un de ces serpents de la littérature qui se nourrissent de fange et de venin ; c'est un folliculaire. – Qu'appelez-vous folliculaire ? dit Candide. – C'est, dit l'abbé, un faiseur de feuilles[2], un *Fréron*[3]. »

C'est ainsi que Candide, Martin et le Périgourdin raisonnaient sur l'escalier, en voyant défiler le monde au sortir de la pièce. « Quoique je sois très empressé de revoir Mlle Cunégonde, dit Candide, je voudrais pourtant souper avec Mlle Clairon[4] ; car elle m'a paru admirable. »

L'abbé n'était pas homme à approcher de Mlle Clairon, qui ne voyait que bonne compagnie. « Elle est engagée pour ce soir, dit-il ; mais j'aurai l'honneur de vous mener chez une dame de qualité, et là vous connaîtrez Paris comme si vous y aviez été quatre ans. »

Candide, qui était naturellement curieux, se laissa mener chez la dame, au fond du faubourg Saint-Honoré[5] ; on y était occupé d'un pharaon ; douze tristes pontes[6] tenaient chacun en main un petit livre de cartes, registre cornu de leurs infortunes. Un profond silence régnait, la pâleur était sur le front des pontes, l'inquiétude sur celui du banquier, et la dame du logis, assise auprès de ce ban-

1. Hommes castrés, gardiens d'un harem.
2. Journaliste sans talent.
3. Critique littéraire (1718-1776), adversaire des philosophes et détesté par Voltaire.
4. Actrice célèbre (1723-1803), qui jouait dans des tragédies, notamment celles de Voltaire.
5. Faubourg riche de Paris.
6. Joueurs.

quier impitoyable, remarquait avec des yeux de lynx tous les parolis, tous les sept-et-le-va de campagne, dont chaque joueur cornait ses cartes ; elle les faisait décorner avec une attention sévère mais polie, et ne se fâchait point, de peur de perdre ses pratiques[7] : la dame se faisait appeler la marquise de Parolignac. Sa fille, âgée de quinze ans, était au nombre des pontes et avertissait d'un clin d'œil des friponneries de ces pauvres gens, qui tâchaient de réparer les cruautés du sort. L'abbé périgourdin, Candide et Martin entrèrent ; personne ne se leva, ni les salua, ni les regarda ; tous étaient profondément occupés de leurs cartes. « Madame la baronne de Thunder-ten-tronckh était plus civile », dit Candide.

Cependant l'abbé s'approcha de l'oreille de la marquise, qui se leva à moitié, honora Candide d'un sourire gracieux, et Martin d'un air de tête tout à fait noble ; elle fit donner un siège et un jeu de cartes à Candide, qui perdit cinquante mille francs en deux tailles[8] ; après quoi on soupa très gaiement, et tout le monde était étonné que Candide ne fût pas ému de sa perte ; les laquais disaient entre eux, dans leur langage de laquais : « Il faut que ce soit quelque milord anglais. »

Le souper fut comme la plupart des soupers de Paris : d'abord du silence, ensuite un bruit de paroles qu'on ne distingue point, puis des plaisanteries dont la plupart sont insipides, de fausses nouvelles, de mauvais raisonnements, un peu de politique et beaucoup de médisance ; on parla même de livres nouveaux. « Avez-vous lu, dit l'abbé périgourdin, le roman du sieur Gauchat[9], docteur en théologie[10] ? – Oui, répondit un des convives, mais je n'ai pu l'achever. Nous avons une foule d'écrits impertinents[11],

Le jeu de pharaon

Jeu de cartes et d'argent apparu au XVIIe siècle, le pharaon est très en vogue au XVIIIe siècle. « Ponter » signifie « miser » ou « parier » et « faire paroli » désigne le fait de « doubler la mise sur une carte qui vient de gagner ». Le « banquier » dirigeait les jeux, encaissait les mises si le joueur perdait, et donnait de l'argent au gagnant. ■

7. Ses clients, ses joueurs.
8. Plis (levées de cartes).
9. Adversaire des philosophes.
10. Science de la religion.
11. Extravagants, absurdes.

mais tous ensemble n'approchent pas de l'impertinence de Gauchat, docteur en théologie ; je suis si rassasié de cette immensité de détestables livres qui nous inondent que je me suis mis à ponter au pharaon. – Et les *Mélanges* de l'archidiacre T…, qu'en dites-vous ? dit l'abbé. – Ah ! dit Mme de Parolignac, l'ennuyeux mortel ! comme il vous dit curieusement tout ce que le monde sait ! comme il discute pesamment ce qui ne vaut pas la peine d'être remarqué légèrement ! comme il s'approprie sans esprit l'esprit des autres ! comme il gâte ce qu'il pille ! comme il me dégoûte ! Mais il ne me dégoûtera plus : c'est assez d'avoir lu quelques pages de l'archidiacre. »

Il y avait à table un homme savant et de goût qui appuya ce que disait la marquise. On parla ensuite de tragédies ; la dame demanda pourquoi il y avait des tragédies qu'on jouait quelquefois, et qu'on ne pouvait lire. L'homme de goût expliqua très bien comment une pièce pouvait avoir quelque intérêt et n'avoir presque aucun mérite ; il prouva en peu de mots que ce n'était pas assez d'amener une ou deux de ces situations qu'on trouve dans tous les romans, et qui séduisent toujours les spectateurs, mais qu'il faut être neuf sans être bizarre, souvent sublime, et toujours naturel ; connaître le cœur humain et le faire parler ; être grand poète sans que jamais aucun personnage de la pièce paraisse poète ; savoir parfaitement sa langue, la parler avec pureté, avec une harmonie continue, sans que jamais la rime coûte rien au sens. « Quiconque, ajouta-t-il, n'observe pas toutes ces règles peut faire une ou deux tragédies applaudies au théâtre, mais il ne sera jamais compté au rang des bons écrivains ; il y a très peu de bonnes tragédies ; les unes sont des idylles[1] en dialogues bien écrits

1. Petits poèmes pastoraux.

et bien rimés ; les autres, des raisonnements politiques qui endorment, ou des amplifications qui rebutent[2] ; les autres, des rêves d'énergumène[3], en style barbare, des propos interrompus, de longues apostrophes aux dieux, parce qu'on ne sait point parler aux hommes, des maximes[4] fausses, des lieux communs ampoulés. »

Candide écouta ce propos avec attention, et conçut une grande idée du discoureur ; et, comme la marquise avait eu soin de le placer à côté d'elle, il s'approcha de son oreille, et prit la liberté de lui demander qui était cet homme qui parlait si bien. « C'est un savant, dit la dame, qui ne ponte point, et que l'abbé m'amène quelquefois à souper ; il se connaît parfaitement en tragédies et en livres, et il a fait une tragédie sifflée et un livre dont on n'a jamais vu hors de la boutique de son libraire qu'un exemplaire qu'il m'a dédié. – Le grand homme ! dit Candide ; c'est un autre Pangloss. »

Alors, se tournant vers lui, il lui dit : « Monsieur, vous pensez sans doute que tout est au mieux dans le monde physique et dans le moral, et que rien ne pouvait être autrement ? – Moi, monsieur, lui répondit le savant, je ne pense rien de tout cela : je trouve que tout va de travers chez nous ; que personne ne sait ni quel est son rang, ni quelle est sa charge[5], ni ce qu'il fait, ni ce qu'il doit faire, et qu'excepté le souper, qui est assez gai et où il paraît assez d'union, tout le reste du temps se passe en querelles impertinentes : jansénistes contre molinistes[6], gens du parlement contre gens d'Église, gens de lettres contre gens de lettres, courtisans contre courtisans, financiers contre le peuple, femmes contre maris, parents contre parents ; c'est une guerre éternelle. »

Jésuites contre jansénistes

En France, le conflit entre jésuites et jansénistes date du XVIIe siècle. Les jansénistes, partisans d'un retour aux sources du christianisme, accusent les jésuites de laxisme en théologie et en morale. La querelle prend un tour décisif au milieu du XVIIe siècle : Louis XIV, hostile au jansénisme, fait détruire l'abbaye de Port-Royal, haut lieu du mouvement, et obtient sa condamnation par le pape. Au XVIIIe siècle, le jansénisme se perpétue sous des formes mystiques. Louis XV – inquiet de la toute-puissance des jésuites – supprimera leur ordre en 1762. ■

2. Qui dégoûtent.
3. Personne exaltée s'exprimant avec violence.
4. Règles générales de conduite.
5. Son métier, sa fonction.
6. Jésuites.

Candide lui répliqua : « J'ai vu pis. Mais un sage, qui depuis a eu le malheur d'être pendu, m'apprit que tout cela est à merveille ; ce sont des ombres à un beau tableau. – Votre pendu se moquait du monde, dit Martin ; vos ombres sont des taches horribles. – Ce sont les hommes qui font les taches, dit Candide, et ils ne peuvent pas s'en dispenser. – Ce n'est donc pas leur faute », dit Martin. La plupart des pontes, qui n'entendaient rien à ce langage, buvaient ; et Martin raisonna avec le savant, et Candide raconta une partie de ses aventures à la dame du logis.

Après soupé, la marquise mena Candide dans son cabinet et le fit asseoir sur un canapé. « Eh bien ! lui dit-elle, vous aimez donc toujours éperdument Mlle Cunégonde de Thunder-ten-tronckh ? – Oui, madame », répondit Candide. La marquise lui répliqua avec un souris tendre : « Vous me répondez comme un jeune homme de Westphalie ; un Français m'aurait dit : "Il est vrai que j'ai aimé Mlle Cunégonde ; mais en vous voyant, madame, je crains de ne la plus aimer." – Hélas ! madame, dit Candide, je répondrai comme vous voudrez. – Votre passion pour elle, dit la marquise, a commencé en ramassant son mouchoir ; je veux que vous ramassiez ma jarretière[1]. – De tout mon cœur », dit Candide ; et il la ramassa. « Mais je veux que vous me la remettiez », dit la dame ; et Candide la lui remit. « Voyez-vous, dit la dame, vous êtes étranger, je fais quelquefois languir mes amants de Paris quinze jours, mais je me rends à vous dès la première nuit, parce qu'il faut faire les honneurs de son pays à un jeune homme de Westphalie. » La belle, ayant aperçu deux énormes diamants aux deux mains de son jeune étranger, les

1. Pièce de vêtement qui soutient un bas.

loua de si bonne foi que des doigts de Candide ils passèrent aux doigts de la marquise.

Candide, en s'en retournant avec son abbé périgourdin, sentit quelques remords d'avoir fait une infidélité à Mlle Cunégonde ; monsieur l'abbé entra dans sa peine ; il n'avait qu'une légère part aux cinquante mille livres perdues au jeu par Candide, et à la valeur des deux brillants moitié donnés, moitié extorqués. Son dessein était de profiter, autant qu'il le pourrait, des avantages que la connaissance de Candide pouvait lui procurer. Il lui parla beaucoup de Cunégonde ; et Candide lui dit qu'il demanderait bien pardon à cette belle de son infidélité, quand il la verrait à Venise.

Le Périgourdin redoublait de politesse et d'attentions, et prenait un intérêt tendre à tout ce que Candide disait, à tout ce qu'il faisait, à tout ce qu'il voulait faire.

« Vous avez donc, monsieur, lui dit-il, un rendez-vous à Venise ? – Oui, monsieur l'abbé, dit Candide ; il faut absolument que j'aille trouver Mlle Cunégonde. » Alors, engagé par le plaisir de parler de ce qu'il aimait, il conta, selon son usage, une partie de ses aventures avec cette illustre Westphalienne.

« Je crois, dit l'abbé, que Mlle Cunégonde a bien de l'esprit, et qu'elle écrit des lettres charmantes ? – Je n'en ai jamais reçu, dit Candide ; car figurez-vous qu'ayant été chassé du château pour l'amour d'elle, je ne pus lui écrire ; que bientôt après j'appris qu'elle était morte, qu'ensuite je la retrouvai, et que je la perdis, et que je lui ai envoyé à deux mille cinq cents lieues d'ici un exprès[2] dont j'attends la réponse. »

2. Un message.

L'abbé écoutait attentivement, et paraissait un peu rêveur. Il prit bientôt congé des deux étrangers, après les avoir tendrement embrassés. Le lendemain Candide reçut à son réveil une lettre conçue en ces termes :

Monsieur, mon très cher amant, il y a huit jours que je suis malade en cette ville ; j'apprends que vous y êtes. Je volerais dans vos bras si je pouvais remuer. J'ai su votre passage à Bordeaux ; j'y ai laissé le fidèle Cacambo et la vieille, qui doivent bientôt me suivre. Le gouverneur de Buenos-Ayres a tout pris, mais il me reste votre cœur. Venez, votre présence me rendra la vie, ou me fera mourir de plaisir.

Cette lettre charmante, cette lettre inespérée, transporta Candide d'une joie inexprimable ; et la maladie de sa chère Cunégonde l'accabla de douleur. Partagé entre ces deux sentiments, il prend son or et ses diamants, et se fait conduire avec Martin à l'hôtel où Mlle Cunégonde demeurait. Il entre en tremblant d'émotion, son cœur palpite, sa voix sanglote ; il veut ouvrir les rideaux du lit, il veut faire apporter de la lumière. « Gardez-vous-en bien, lui dit la suivante, la lumière la tue » ; et soudain elle referme le rideau. « Ma chère Cunégonde, dit Candide en pleurant, comment vous portez-vous ? si vous ne pouvez me voir, parlez-moi du moins. – Elle ne peut parler », dit la suivante. La dame alors tire du lit une main potelée que Candide arrose longtemps de ses larmes, et qu'il remplit ensuite de diamants, en laissant un sac plein d'or sur le fauteuil.

Au milieu de ses transports arrive un exempt[1] suivi de l'abbé périgourdin et d'une escouade[2]. « Voilà donc, dit-il, ces deux étrangers suspects ? » Il les fait incontinent[3] saisir, et ordonne à ses braves de les traîner en prison. « Ce

1. Officier de police.
2. Ici, petite troupe d'agents de police.
3. Sur-le-champ.

n'est pas ainsi qu'on traite les voyageurs dans le Dorado, dit Candide. – Je suis plus manichéen que jamais, dit Martin. – Mais, monsieur, où nous menez-vous ? dit Candide. – Dans un cul de basse-fosse[4] », dit l'exempt.

Martin, ayant repris son sang-froid, jugea que la dame qui se prétendait Cunégonde était une friponne, monsieur l'abbé périgourdin un fripon qui avait abusé au plus vite de l'innocence de Candide, et l'exempt un autre fripon dont on pouvait aisément se débarrasser.

Plutôt que de s'exposer aux procédures de la justice, Candide, éclairé par son conseil, et d'ailleurs toujours impatient de revoir la véritable Cunégonde, propose à l'exempt trois petits diamants d'environ trois mille pistoles chacun. « Ah ! monsieur, lui dit l'homme au bâton d'ivoire[5], eussiez-vous commis tous les crimes imaginables, vous êtes le plus honnête homme du monde ; trois diamants ! chacun de trois mille pistoles ! Monsieur ! je me ferais tuer pour vous, au lieu de vous mener dans un cachot. On arrête tous les étrangers, mais laissez-moi faire ; j'ai un frère à Dieppe en Normandie, je vais vous y mener ; et si vous avez quelque diamant à lui donner, il aura soin de vous comme moi-même.

– Et pourquoi arrête-t-on tous les étrangers ? » dit Candide. L'abbé périgourdin prit alors la parole et dit : « C'est parce qu'un gueux du pays d'Atrébatie[6] a entendu dire des sottises : cela seul lui a fait commettre un parricide, non pas tel que celui de 1610 au mois de mai, mais tel que celui de 1594 au mois de décembre, et tel que plusieurs autres commis dans d'autres années et dans d'autres mois par d'autres gueux qui avaient entendu dire des sottises[7]. »

4. Dans un cachot.
5. Attribut de l'exempt.
6. Ancien nom de l'Artois (ancienne province française).
7. Allusions à l'attentat de Damiens (voir Contextes, p. 10).

L'exempt alors expliqua de quoi il s'agissait. « Ah, les monstres ! s'écria Candide ; quoi ! de telles horreurs chez un peuple qui danse et qui chante ! Ne pourrai-je sortir au plus vite de ce pays où des singes agacent des tigres ? J'ai vu des ours dans mon pays ; je n'ai vu des hommes que dans le Dorado. Au nom de Dieu, monsieur l'exempt, menez-moi à Venise, où je dois attendre Mlle Cunégonde. – Je ne peux vous mener qu'en Basse-Normandie », dit le barigel[1]. Aussitôt il lui fait ôter ses fers, dit qu'il s'est mépris, renvoie ses gens et emmène à Dieppe Candide et Martin, et les laisse entre les mains de son frère. Il y avait un petit vaisseau hollandais à la rade. Le Normand, à l'aide de trois autres diamants, devenu le plus serviable des hommes, embarque Candide et ses gens dans le vaisseau qui allait faire voile pour Portsmouth en Angleterre. Ce n'était pas le chemin de Venise ; mais Candide croyait être délivré de l'enfer, et il comptait bien reprendre la route de Venise à la première occasion.

Chapitre XXIII

Candide et Martin vont sur les côtes d'Angleterre ; ce qu'ils y voient

« AH, PANGLOSS ! PANGLOSS ! Ah, Martin ! Martin ! Ah, ma chère Cunégonde ! qu'est-ce que ce monde-ci ? disait Candide sur le vaisseau hollandais. – Quelque chose de bien fou et de bien abominable, répondait Martin. – Vous connaissez l'Angleterre ; y est-on aussi fou qu'en France ?

1. Chef des archers en Italie. Ici, le mot est utilisé de manière fantaisiste.

– C'est une autre espèce de folie, dit Martin. Vous savez que ces deux nations sont en guerre pour quelques arpents[2] de neige vers le Canada, et qu'elles dépensent pour cette belle guerre beaucoup plus que tout le Canada ne vaut. De vous dire précisément s'il y a plus de gens à lier dans un pays que dans un autre, c'est ce que mes faibles lumières ne me permettent pas. Je sais seulement qu'en général les gens que nous allons voir sont fort atrabilaires[3]. »

En causant ainsi ils abordèrent à Portsmouth ; une multitude de peuple couvrait le rivage, et regardait attentivement un assez gros homme qui était à genoux, les yeux bandés, sur le tillac d'un des vaisseaux de la flotte ; quatre soldats, postés vis-à-vis de cet homme, lui tirèrent chacun trois balles dans le crâne le plus paisiblement du monde, et toute l'assemblée s'en retourna extrêmement satisfaite. « Qu'est-ce donc que tout ceci ? dit Candide, et quel démon exerce partout son empire ? » Il demanda qui était ce gros homme qu'on venait de tuer en cérémonie. « C'est un amiral, lui répondit-on. – Et pourquoi tuer cet amiral ? – C'est, lui dit-on, parce qu'il n'a pas fait tuer assez de monde ; il a livré un combat à un amiral français, et on a trouvé qu'il n'était pas assez près de lui. – Mais, dit Candide, l'amiral français était aussi loin de l'amiral anglais que celui-ci l'était de l'autre ! – Cela est incontestable, lui répliqua-t-on ; mais dans ce pays-ci il est bon de tuer de temps en temps un amiral pour encourager les autres. »

Candide fut si étourdi et si choqué de ce qu'il voyait, et de ce qu'il entendait, qu'il ne voulut pas seulement mettre pied à terre, et qu'il fit son marché avec le patron hollandais (dût-il le voler comme celui de Surinam) pour le conduire sans délai à Venise.

Le Canada

Voltaire évoque ici la lutte entre Français et Anglais pour la possession du Canada pendant la guerre de Sept Ans. Son mépris aveugle pour cette région était largement partagé en France, ce qui explique en partie l'abandon du Québec lors du traité de Paris.
L'épisode relaté dans ce chapitre est celui de l'exécution de l'amiral anglais Byng (1757), accusé d'avoir fait preuve de lâcheté face à la flotte française. ■

2. Un arpent équivaut à 4 200 m² environ.
3. Colériques.

Le patron fut prêt au bout de deux jours. On côtoya la France ; on passa à la vue de Lisbonne, et Candide frémit. On entra dans le détroit et dans la Méditerranée ; enfin on aborda à Venise. « Dieu soit loué ! dit Candide en embrassant Martin ; c'est ici que je reverrai la belle Cunégonde. Je compte sur Cacambo comme sur moi-même. Tout est bien, tout va bien, tout va le mieux qu'il soit possible. »

Chapitre XXIV

De Paquette et de frère Giroflée

DÈS QU'IL FUT À VENISE, il fit chercher Cacambo dans tous les cabarets, dans tous les cafés, chez toutes les filles de joie, et ne le trouva point. Il envoyait tous les jours à la découverte de tous les vaisseaux et de toutes les barques : nulles nouvelles de Cacambo. « Quoi ! disait-il à Martin, j'ai eu le temps de passer de Surinam à Bordeaux, d'aller de Bordeaux à Paris, de Paris à Dieppe, de Dieppe à Portsmouth, de côtoyer le Portugal et l'Espagne, de traverser toute la Méditerranée, de passer quelques mois à Venise, et la belle Cunégonde n'est point venue ! Je n'ai rencontré au lieu d'elle qu'une drôlesse et un abbé périgourdin ! Cunégonde est morte sans doute, je n'ai plus qu'à mourir. Ah ! il valait mieux rester dans le paradis du Dorado que de revenir dans cette maudite Europe. Que vous avez raison, mon cher Martin ! tout n'est qu'illusion et calamité. »

Il tomba dans une mélancolie noire, et ne prit aucune part à l'opéra *alla moda* ni aux autres divertissements du carnaval ; pas une dame ne lui donna la moindre tentation. Martin lui dit : « Vous êtes bien simple, en vérité, de vous figurer qu'un valet métis, qui a cinq ou six millions dans ses poches, ira chercher votre maîtresse au bout du monde et vous l'amènera à Venise. Il la prendra pour lui, s'il la trouve. S'il ne la trouve pas, il en prendra une autre : je vous conseille d'oublier votre valet Cacambo et votre maîtresse Cunégonde. » Martin n'était pas consolant. La mélancolie de Candide augmenta, et Martin ne cessait de lui prouver qu'il y avait peu de vertu et peu de bonheur sur la terre, excepté peut-être dans Eldorado, où personne ne pouvait aller.

En disputant sur cette matière importante, et en attendant Cunégonde, Candide aperçut un jeune théatin[1] dans la place Saint-Marc, qui tenait sous le bras une fille. Le théatin paraissait frais, potelé, vigoureux ; ses yeux étaient brillants, son air assuré, sa mine haute, sa démarche fière. La fille était très jolie et chantait ; elle regardait amoureusement son théatin, et de temps en temps lui pinçait ses grosses joues. « Vous m'avouerez du moins, dit Candide à Martin, que ces gens-ci sont heureux. Je n'ai trouvé jusqu'à présent dans toute la terre habitable, excepté dans Eldorado, que des infortunés ; mais, pour cette fille et ce théatin, je gage[2] que ce sont des créatures très heureuses. – Je gage que non, dit Martin. – Il n'y a qu'à les prier à dîner, dit Candide, et vous verrez si je me trompe. »

Aussitôt il les aborde, il leur fait son compliment, et les invite à venir à son hôtellerie manger des macaronis, des perdrix de Lombardie, des œufs d'esturgeon[3], et à boire du vin de Montepulciano, du lacrima-christi, du chypre et du samos[4]. La demoiselle rougit, le théatin accepta la par-

Venise au XVIIIe siècle

Venise, qui avait bâti sa fortune grâce au commerce maritime avec les pays du Proche-Orient, est en déclin au XVIIIe siècle, concurrencée par les échanges entre l'Europe et l'Amérique, dont elle est exclue. Cependant elle attire l'Europe entière pour son carnaval, qui dure plusieurs mois, de décembre à mars. On vient s'y distraire et la prostitution y est florissante. ■

1. Moine italien.
2. Je parie.
3. Du caviar.
4. Des vins italiens et grecs.

tie, et la fille le suivit en regardant Candide avec des yeux de surprise et de confusion qui furent obscurcis de quelques larmes. À peine fut-elle entrée dans la chambre de Candide qu'elle lui dit : « Eh quoi ! monsieur Candide ne reconnaît plus Paquette ! » À ces mots, Candide, qui ne l'avait pas considérée jusque-là avec attention, parce qu'il n'était occupé que de Cunégonde, lui dit : « Hélas ! ma pauvre enfant, c'est donc vous qui avez mis le docteur Pangloss dans le bel état où je l'ai vu ?

– Hélas ! monsieur, c'est moi-même, dit Paquette ; je vois que vous êtes instruit de tout. J'ai su les malheurs épouvantables arrivés à toute la maison de madame la baronne et à la belle Cunégonde. Je vous jure que ma destinée n'a guère été moins triste. J'étais fort innocente quand vous m'avez vue. Un cordelier qui était mon confesseur me séduisit aisément. Les suites en furent affreuses ; je fus obligée de sortir du château quelques temps après que monsieur le baron vous eut renvoyé à grands coups de pied dans le derrière. Si un fameux médecin n'avait pas pris pitié de moi, j'étais morte. Je fus quelque temps par reconnaissance la maîtresse de ce médecin. Sa femme, qui était jalouse à la rage, me battait tous les jours impitoyablement ; c'était une furie. Ce médecin était le plus laid de tous les hommes, et moi la plus malheureuse de toutes les créatures d'être battue continuellement pour un homme que je n'aimais pas. Vous savez, monsieur, combien il est dangereux pour une femme acariâtre d'être l'épouse d'un médecin. Celui-ci, outré des procédés de sa femme, lui donna un jour, pour la guérir d'un petit rhume, une médecine si efficace qu'elle en mourut en deux heures de temps dans des convulsions horribles. Les parents de madame intentèrent à monsieur un procès criminel ; il prit la fuite, et moi je fus mise en prison. Mon innocence ne m'aurait pas sauvée si je n'avais été un peu jolie. Le juge m'élargit[1] à condition qu'il succéderait au médecin. Je fus bientôt supplantée par une rivale, chassée sans récompense, et obligée de continuer ce métier abominable qui vous paraît si plaisant à vous autres hommes, et qui n'est pour nous qu'un abîme de misères. J'allai exercer la profession à Venise. Ah ! monsieur, si vous pouviez vous imaginer ce que c'est que d'être obligée de caresser indifféremment un vieux marchand, un avocat, un moine, un gondolier, un abbé ; d'être exposée à toutes les insultes, à toutes les avanies[2] ; d'être souvent réduite à emprunter une jupe pour aller se la faire lever par un homme dégoûtant ; d'être volée par l'un de ce qu'on a gagné avec l'autre ; d'être rançonnée par les officiers de justice, et de n'avoir en perspective qu'une vieillesse affreuse, un hôpital et un fumier, vous concluriez que je suis une des plus malheureuses créatures du monde. »

Paquette ouvrait ainsi son cœur au bon Candide, dans un cabinet, en présence de Martin, qui disait à Candide : « Vous voyez que j'ai déjà gagné la moitié de la gageure[3]. »

Frère Giroflée était resté dans la salle à manger, et buvait un coup en attendant le dîner. « Mais, dit Candide à Paquette, vous aviez l'air si gai, si content, quand je vous ai rencontrée ; vous chantiez, vous caressiez le théatin avec une complaisance naturelle ; vous m'avez paru aussi heureuse que vous prétendez être infortunée. – Ah ! monsieur, répondit Paquette, c'est encore là une des misères du métier. J'ai été hier volée et battue par un officier, et il

1. Me libéra.
2. Humiliations.
3. Pari.

faut aujourd'hui que je paraisse de bonne humeur pour plaire à un moine. »

Candide n'en voulut pas davantage ; il avoua que Martin avait raison. On se mit à table avec Paquette et le théatin, le repas fut assez amusant, et sur la fin on se parla avec quelque confiance. « Mon Père, dit Candide au moine, vous me paraissez jouir d'une destinée que tout le monde doit envier ; la fleur de la santé brille sur votre visage, votre physionomie annonce le bonheur ; vous avez une très jolie fille pour votre récréation, et vous paraissez très content de votre état de théatin.

– Ma foi, monsieur, dit frère Giroflée, je voudrais que tous les théatins fussent au fond de la mer. J'ai été tenté cent fois de mettre le feu au couvent, et d'aller me faire turc. Mes parents me forcèrent à l'âge de quinze ans d'endosser cette détestable robe, pour laisser plus de fortune à un maudit frère aîné que Dieu confonde ! La jalousie, la discorde, la rage, habitent dans le couvent. Il est vrai que j'ai prêché quelques mauvais sermons qui m'ont valu un peu d'argent, dont le prieur[1] me vole la moitié : le reste me sert à entretenir des filles ; mais, quand je rentre le soir dans le monastère, je suis prêt de me casser la tête contre les murs du dortoir ; et tous mes confrères sont dans le même cas. »

Martin se tournant vers Candide avec son sang-froid ordinaire : « Eh bien ! lui dit-il, n'ai-je pas gagné la gageure tout entière ? » Candide donna deux mille piastres à Paquette et mille piastres à frère Giroflée. « Je vous réponds, dit-il, qu'avec cela ils seront heureux. – Je n'en crois rien du tout, dit Martin ; vous les rendrez peut-être avec ces piastres beaucoup plus malheureux encore. – Il en sera ce qui

1. Supérieur d'un couvent.

pourra, dit Candide ; mais une chose me console, je vois qu'on retrouve souvent les gens qu'on ne croyait jamais retrouver ; il se pourra bien faire qu'ayant rencontré mon mouton rouge et Paquette, je rencontre aussi Cunégonde. – Je souhaite, dit Martin, qu'elle fasse un jour votre bonheur ; mais c'est de quoi je doute fort. – Vous êtes bien dur, dit Candide. – C'est que j'ai vécu, dit Martin.

– Mais regardez ces gondoliers, dit Candide ; ne chantent-ils pas sans cesse ? – Vous ne les voyez pas dans leur ménage, avec leurs femmes et leurs marmots d'enfants, dit Martin. Le doge[2] a ses chagrins, les gondoliers ont les leurs. Il est vrai qu'à tout prendre le sort d'un gondolier est préférable à celui d'un doge ; mais je crois la différence si médiocre que cela ne vaut pas la peine d'être examiné.

– On parle, dit Candide, du sénateur Pococuranté qui demeure dans ce beau palais sur la Brenta[3], et qui reçoit assez bien les étrangers. On prétend que c'est un homme qui n'a jamais eu de chagrin. – Je voudrais voir une espèce si rare », dit Martin. Candide aussitôt fit demander au seigneur Pococuranté la permission de venir le voir le lendemain.

Chapitre XXV

Visite chez le seigneur Pococuranté, noble Vénitien

Candide et Martin allèrent en gondole sur la Brenta et arrivèrent au palais du noble Pococuranté. Les jardins étaient bien entendus[4], et ornés de belles statues

2. Chef de la République de Venise, élu par les familles nobles.
3. Fleuve sur les rives duquel les riches Vénitiens possédaient de somptueuses résidences de campagne.
4. Arrangés, composés.

de marbre ; le palais, d'une belle architecture. Le maître du logis, homme de soixante ans, fort riche, reçut très poliment les deux curieux, mais avec très peu d'empressement, ce qui déconcerta Candide et ne déplut point à Martin.

D'abord deux filles jolies et proprement mises servirent du chocolat qu'elles firent très bien mousser. Candide ne put s'empêcher de les louer sur leur beauté, sur leur bonne grâce et sur leur adresse. « Ce sont d'assez bonnes créatures, dit le sénateur Pococuranté ; je les fais quelquefois coucher dans mon lit, car je suis bien las des dames de la ville, de leurs coquetteries, de leurs jalousies, de leurs querelles, de leurs humeurs, de leurs petitesses, de leur orgueil, de leurs sottises, et des sonnets qu'il faut faire ou commander pour elles ; mais, après tout, ces deux filles commencent fort à m'ennuyer. »

Candide, après le déjeuner, se promenant dans une longue galerie, fut surpris de la beauté des tableaux. Il demanda de quel maître étaient les deux premiers. « Ils sont de Raphaël[1], dit le sénateur ; je les achetai fort cher par vanité il y a quelques années ; on dit que c'est ce qu'il y a de plus beau en Italie, mais ils ne me plaisent point du tout : la couleur en est très rembrunie ; les figures ne sont pas assez arrondies, et ne sortent point assez ; les draperies ne ressemblent en rien à une étoffe ; en un mot, quoi qu'on en dise, je ne trouve point là une imitation vraie de la nature. Je n'aimerai un tableau que quand je croirai voir la nature elle-même : il n'y en a point de cette espèce. J'ai beaucoup de tableaux mais je ne les regarde plus. »

Pococuranté, en attendant le dîner, se fit donner un concerto. Candide trouva la musique délicieuse. « Ce

1. Célèbre peintre italien de la Renaissance (1483-1520).

bruit, dit Pococuranté, peut amuser une demi-heure ; mais, s'il dure plus longtemps, il fatigue tout le monde, quoique personne n'ose l'avouer. La musique aujourd'hui n'est plus que l'art d'exécuter des choses difficiles, et ce qui n'est que difficile ne plaît point à la longue.

« J'aimerais peut-être mieux l'opéra, si on n'avait pas trouvé le secret d'en faire un monstre qui me révolte. Ira voir qui voudra de mauvaises tragédies en musique, où les scènes ne sont faites que pour amener, très mal à propos, deux ou trois chansons ridicules qui font valoir le gosier d'une actrice ; se pâmera de plaisir qui voudra, ou qui pourra, en voyant un châtré[2] fredonner le rôle de César et de Caton[3] et se promener d'un air gauche sur des planches ; pour moi, il y a longtemps que j'ai renoncé à ces pauvretés, qui font aujourd'hui la gloire de l'Italie, et que des souverains payent si chèrement. » Candide disputa un peu, mais avec discrétion. Martin fut entièrement de l'avis du sénateur.

On se mit à table, et après un excellent dîner, on entra dans la bibliothèque. Candide, en voyant un Homère magnifiquement relié, loua l'illustrissime[4] sur son bon goût. « Voilà, dit-il, un livre qui faisait les délices du grand Pangloss, le meilleur philosophe de l'Allemagne. – Il ne fait pas les miennes, dit froidement Pococuranté ; on me fit accroire[5] autrefois que j'avais du plaisir en le lisant ; mais cette répétition continuelle de combats qui se ressemblent tous, ces dieux qui agissent toujours pour ne rien faire de décisif, cette Hélène qui est le sujet de la guerre, et qui à peine est une actrice de la pièce ; cette Troie qu'on assiège et qu'on ne prend point, tout cela me causait le plus mortel ennui. J'ai demandé quelquefois à

2. Allusion aux chanteurs castrats.
3. Nom de deux adversaires politiques dans l'Antiquité romaine.
4. Titre donné à une personne de haut rang.
5. Croire.

des savants s'ils s'ennuyaient autant que moi à cette lecture. Tous les gens sincères m'ont avoué que le livre leur tombait des mains, mais qu'il fallait toujours l'avoir dans sa bibliothèque, comme un monument de l'antiquité, et comme ces médailles rouillées qui ne peuvent être de commerce[1].

– Votre Excellence ne pense pas ainsi de Virgile[2] ? dit Candide. – Je conviens, dit Pococuranté, que le second, le quatrième et le sixième livre de son *Énéide* sont excellents ; mais pour son pieux Énée, et le fort Cloanthe, et l'ami Achates, et le petit Ascanius, et l'imbécile roi Latinus, et la bourgeoise Amata, et l'insipide Lavinia, je ne crois pas qu'il y ait rien de si froid et de plus désagréable. J'aime mieux le Tasse[3] et les contes à dormir debout de l'Arioste[4].

– Oserais-je vous demander, monsieur, dit Candide, si vous n'avez pas un grand plaisir à lire Horace[5] ? – Il y a des maximes, dit Pococuranté, dont un homme du monde peut faire son profit, et qui, étant resserrées dans des vers énergiques, se gravent plus aisément dans la mémoire. Mais je me soucie fort peu de son voyage à Brindes[6], et de sa description d'un mauvais dîner, et de la querelle des crocheteurs[7] entre je ne sais quel Pupilus, dont les paroles, dit-il, *étaient pleines de pus*, et un autre dont les paroles *étaient du vinaigre*. Je n'ai lu qu'avec un extrême dégoût ses vers grossiers contre des vieilles et contre des sorcières ; et je ne vois pas quel mérite il peut y avoir à dire à son ami Mæcenas[8] que, s'il est mis par lui au rang des poètes lyriques, il frappera les astres de son front sublime. Les sots admirent tout dans un auteur estimé. Je ne lis que pour moi ; je n'aime que ce qui est à mon usage. » Candide, qui avait été élevé à ne jamais juger de rien par lui-même, était

1. Qui ne peuvent être échangées.
2. Célèbre poète latin (70-19 av. J.-C.).
3. Poète italien (1544-1595).
4. Poète italien (1474-1533).
5. Poète latin (65-8 av. J.-C.), ami de Virgile.
6. Brindisi (ville d'Italie du Sud).
7. Personnes portant des fardeaux avec des crochets.
8. Mécène (69-8 av. J.-C.), protecteur de Virgile, d'Horace et d'autres artistes.

fort étonné de ce qu'il entendait ; et Martin trouvait la façon de penser de Pococuranté assez raisonnable.

« Oh ! voici un Cicéron[9], dit Candide ; pour ce grand homme-là, je pense que vous ne vous lassez point de le lire ? – Je ne le lis jamais, répondit le Vénitien. Que m'importe qu'il ait plaidé pour Rabirius ou pour Cluentius[10] ? J'ai bien assez des procès que je juge ; je me serais mieux accommodé de ses œuvres philosophiques ; mais, quand j'ai vu qu'il doutait de tout, j'ai conclu que j'en savais autant que lui, et que je n'avais besoin de personne pour être ignorant.

– Ah ! voilà quatre-vingts volumes de recueils d'une académie des sciences, s'écria Martin ; il se peut qu'il y ait là du bon. – Il y en aurait, dit Pococuranté, si un seul des auteurs de ces fatras avait inventé seulement l'art de faire des épingles ; mais il n'y a dans tous ces livres que de vains systèmes et pas une seule chose utile.

– Que de pièces de théâtre je vois là ! dit Candide ; en italien, en espagnol, en français ! – Oui, dit le sénateur, il y en a trois mille, et pas trois douzaines de bonnes. Pour ces recueils de sermons, qui tous ensemble ne valent pas une page de Sénèque[11], et tous ces gros volumes de théologie, vous pensez bien que je ne les ouvre jamais, ni moi ni personne. »

Martin aperçut des rayons chargés de livres anglais. « Je crois, dit-il, qu'un républicain doit se plaire à la plupart de ces ouvrages, écrits si librement. – Oui, répondit Pococuranté, il est beau d'écrire ce qu'on pense ; c'est le privilège de l'homme. Dans toute notre Italie, on n'écrit que ce qu'on ne pense pas ; ceux qui habitent la patrie des Césars et des Antonins[12] n'osent avoir une idée sans

9. Célèbre orateur et homme politique romain (106-43 av. J.-C.).
10. Romains dont Cicéron défendit la cause.
11. Philosophe stoïcien (4 av. J.-C.-65).
12. Noms donnés à deux lignées différentes d'empereurs romains, entre le Ier et le IIIe siècle.

la permission d'un jacobin[1]. Je serais content de la liberté qui inspire les génies anglais si la passion et l'esprit de parti ne corrompaient pas tout ce que cette précieuse liberté a d'estimable. »

Candide, apercevant un Milton[2], lui demanda s'il ne regardait pas cet auteur comme un grand homme. « Qui ? dit Pococuranté, ce barbare qui fait un long commentaire du premier chapitre de la Genèse en dix livres de vers durs ? ce grossier imitateur des Grecs, qui défigure la création, et qui, tandis que Moïse représente l'Être éternel produisant le monde par la parole, fait prendre un grand compas par le Messiah[3] dans une armoire du ciel pour tracer son ouvrage ? Moi, j'estimerais celui qui a gâté l'enfer et le diable du Tasse ; qui déguise Lucifer[4] tantôt en crapaud, tantôt en pygmée ; qui lui fait rebattre cent fois les mêmes discours ; qui le fait disputer sur la théologie ; qui, en imitant sérieusement l'invention comique des armes à feu de l'Arioste, fait tirer le canon dans le ciel par les diables ? Ni moi, ni personne en Italie, n'a pu se plaire à toutes ces tristes extravagances. Le mariage du péché et de la mort et les couleuvres dont le péché accouche[5] font vomir tout homme qui a le goût un peu délicat, et sa longue description d'un hôpital n'est bonne que pour un fossoyeur. Ce poème obscur, bizarre et dégoûtant, fut méprisé à sa naissance ; je le traite aujourd'hui comme il fut traité dans sa patrie par les contemporains. Au reste, je dis ce que je pense, et je me soucie fort peu que les autres pensent comme moi. » Candide était affligé de ces discours ; il respectait Homère, il aimait un peu Milton. « Hélas ! dit-il tout bas à Martin, j'ai bien peur que cet homme-ci n'ait un souverain mépris pour nos poètes alle-

1. Dominicain (les dirigeants jouaient un rôle important dans l'Inquisition).
2. Poète anglais (1608 -1674), auteur de l'épopée biblique *Paradis perdu*.
3. Messie.
4. Un des noms du Diable.
5. Créations maléfiques, fruits du péché.

mands. – Il n'y aurait pas grand mal à cela, dit Martin. – Oh, quel homme supérieur ! disait encore Candide entre ses dents, quel grand génie que ce Pococurante ! rien ne peut lui plaire. »

Après avoir fait ainsi la revue de tous les livres, ils descendirent dans le jardin. Candide en loua toutes les beautés. « Je ne sais rien de si mauvais goût, dit le maître : nous n'avons ici que des colifichets[6] ; mais je vais dès demain en faire planter un d'un dessin plus noble. »

Quand les deux curieux eurent pris congé de Son Excellence : « Or çà, dit Candide à Martin, vous conviendrez que voilà le plus heureux de tous les hommes, car il est au-dessus de tout ce qu'il possède. – Ne voyez-vous pas, dit Martin, qu'il est dégoûté de tout ce qu'il possède ? Platon[7] a dit, il y a longtemps, que les meilleurs estomacs ne sont pas ceux qui rebutent tous les aliments. – Mais, dit Candide, n'y a-t-il pas du plaisir à tout critiquer, à sentir des défauts où les autres hommes croient voir des beautés ? – C'est-à-dire, reprit Martin, qu'il y a du plaisir à n'avoir pas de plaisir ? – Oh bien ! dit Candide, il n'y a donc d'heureux que moi, quand je reverrai Mlle Cunégonde. – C'est toujours bien fait d'espérer », dit Martin.

Cependant les jours, les semaines s'écoulaient ; Cacambo ne revenait point, et Candide était si abîmé[8] dans sa douleur qu'il ne fit pas même réflexion que Paquette et frère Giroflée n'étaient pas venus seulement le remercier.

6. Des choses de peu d'importance.
7. Philosophe de l'Antiquité grecque (Ve siècle av. J.-C.)
8. Plongé profondément.

Chapitre XXVI

D'un souper que Candide et Martin firent avec six étrangers, et qui ils étaient

UN SOIR QUE CANDIDE, SUIVI DE MARTIN, allait se mettre à table avec les étrangers qui logeaient dans la même hôtellerie, un homme à visage couleur de suie l'aborda par-derrière, et, le prenant par le bras, lui dit : « Soyez prêt à partir avec nous, n'y manquez pas. » Il se retourne, et voit Cacambo. Il n'y avait que la vue de Cunégonde qui pût l'étonner et lui plaire davantage. Il fut sur le point de devenir fou de joie. Il embrasse son cher ami. « Cunégonde est ici, sans doute, où est-elle ? Mène-moi vers elle, que je meure de joie avec elle. – Cunégonde n'est point ici, dit Cacambo, elle est à Constantinople. – Ah, Ciel ! à Constantinople ! mais, fût-elle à la Chine, j'y vole, partons. – Nous partirons après souper, reprit Cacambo, je ne peux vous en dire davantage ; je suis esclave, mon maître m'attend ; il faut que j'aille le servir à table : ne dites mot ; soupez et tenez-vous prêt. »

Candide, partagé entre la joie et la douleur, charmé d'avoir revu son agent fidèle, étonné de le voir esclave, plein de l'idée de retrouver sa maîtresse, le cœur agité, l'esprit bouleversé, se mit à table avec Martin, qui voyait de sang-froid toutes ces aventures, et avec six étrangers qui étaient venus passer le carnaval à Venise.

Cacambo, qui versait à boire à l'un de ces six étrangers, s'approcha de l'oreille de son maître, sur la fin du repas, et lui dit : « Sire, Votre Majesté partira quand elle voudra, le vaisseau est prêt. » Ayant dit ces mots, il sortit.

Les convives, étonnés, se regardaient sans proférer une seule parole, lorsqu'un autre domestique, s'approchant de son maître, lui dit : « Sire, la chaise de Votre Majesté est à Padoue[1], et la barque est prête. » Le maître fit un signe, et le domestique partit. Tous les convives se regardèrent encore, et la surprise commune redoubla. Un troisième valet, s'approchant aussi d'un troisième étranger, lui dit : « Sire, croyez-moi, Votre Majesté ne doit pas rester ici plus longtemps : je vais tout préparer » ; et aussitôt il disparut.

Candide et Martin ne doutèrent pas alors que ce ne fût une mascarade[2] du carnaval. Un quatrième domestique dit au quatrième maître : « Votre Majesté partira quand elle voudra », et sortit comme les autres. Le cinquième valet en dit autant au cinquième maître. Mais le sixième valet parla différemment au sixième étranger, qui était auprès de Candide ; il lui dit : « Ma foi, Sire, on ne veut plus faire crédit à Votre Majesté, ni à moi non plus ; et nous pourrions bien être coffrés cette nuit, vous et moi : je vais pourvoir à mes affaires ; adieu. »

Tous les domestiques ayant disparu, les six étrangers, Candide et Martin demeurèrent dans un profond silence. Enfin Candide le rompit. « Messieurs, dit-il, voilà une singulière plaisanterie : pourquoi êtes-vous tous rois ? Pour moi, je vous avoue que ni moi ni Martin nous ne le sommes. »

Le maître de Cacambo prit alors gravement la parole, et dit en italien : « Je ne suis point plaisant[3], je m'appelle Achmet III[4]. J'ai été grand sultan plusieurs années ; je détrônai mon frère ; mon neveu m'a détrôné ; on a coupé le cou à mes vizirs ; j'achève ma vie dans le vieux sérail[5] ; mon neveu le grand sultan Mahmoud[6] me permet de

1. Ville italienne, près de Venise.
2. Troupe de gens déguisés.
3. Je ne plaisante pas.
4. Ahmed III, sultan turc de 1703 à1730.
5. Palais du sultan turc. Désigne aussi la partie réservée à ses femmes.
6. Mahmoud Ier, sultan turc de 1730 à 1754.

voyager quelquefois pour ma santé, et je suis venu passer le carnaval à Venise. »

Un jeune homme qui était auprès d'Achmet parla après lui, et dit : « Je m'appelle Ivan[1] ; j'ai été empereur de toutes les Russies ; j'ai été détrôné au berceau ; mon père et ma mère ont été enfermés ; on m'a élevé en prison ; j'ai quelquefois la permission de voyager, accompagné de ceux qui me gardent, et je suis venu passer le carnaval à Venise. »

Le troisième dit : « Je suis Charles-Édouard, roi d'Angleterre[2] ; mon père m'a cédé ses droits au royaume ; j'ai combattu pour les soutenir ; on a arraché le cœur à huit cents de mes partisans, et on leur en a battu les joues. J'ai été mis en prison ; je vais à Rome faire une visite au roi mon père, détrôné ainsi que moi et mon grand-père, et je suis venu passer le carnaval à Venise. »

Le quatrième prit alors la parole et dit : « Je suis roi des Polaques[3] ; le sort de la guerre m'a privé de mes États héréditaires ; mon père a éprouvé les mêmes revers ; je me résigne à la Providence comme le sultan Achmet, l'empereur Ivan et le roi Charles-Édouard, à qui Dieu donne une longue vie, et je suis venu passer le carnaval à Venise. »

Le cinquième dit : « Je suis aussi roi des Polaques ; j'ai perdu mon royaume deux fois[4] ; mais la Providence m'a donné un autre État[5], dans lequel j'ai fait plus de bien que tous les rois des Sarmates[6] ensemble n'en ont jamais pu faire sur les bords de la Vistule[7] ; je me résigne aussi à la Providence, et je suis venu passer le carnaval à Venise. »

Il restait au sixième monarque à parler. « Messieurs, dit-il, je ne suis pas si grand seigneur que vous ; mais enfin j'ai été roi tout comme un autre. Je suis Théodore[8] ; on

1. Ivan VI, désigné tsar à sa naissance mais détrôné l'année suivante.
2. Charles-Édouard (1720-1788) : fils de Jacques III Stuart, il essaya sans succès de reprendre le trône d'Angleterre en 1745.
3. Auguste II (1670-1733), prince de Saxe, élu roi de Pologne en 1697.
4. Stanislas Leszczynski (1677-1766), élu roi de Pologne à deux reprises et deux fois chassé du trône.
5. Le duché de Lorraine, obtenu en 1736.
6. Peuple antique de la Pologne.
7. Fleuve qui arrose Cracovie et Varsovie.
8. Théodore de Neuhof (1694-1756), élu quelques mois roi de Corse en 1736.

m'a élu roi en Corse ; on m'a appelé *Votre Majesté*, et à présent, à peine m'appelle-t-on *Monsieur*. J'ai fait frapper de la monnaie[9], et je ne possède pas un denier ; j'ai eu deux secrétaires d'État, et j'ai à peine un valet ; je me suis vu sur un trône, et j'ai longtemps été à Londres en prison, sur la paille. J'ai bien peur d'être traité de même ici, quoique je sois venu comme Vos Majestés passer le carnaval à Venise. »

Les cinq autres rois écoutèrent ce discours avec une noble compassion. Chacun d'eux donna vingt sequins[10] au roi Théodore pour avoir des habits et des chemises ; et Candide lui fit présent d'un diamant de deux mille sequins. « Quel est donc, disaient les cinq rois, ce simple particulier qui est en état de donner cent fois autant que chacun de nous, et qui le donne ? »

Dans l'instant qu'on sortait de table, il arriva dans la même hôtellerie quatre altesses sérénissimes qui avaient aussi perdu leurs États par le sort de la guerre, et qui venaient passer le reste du carnaval à Venise. Mais Candide ne prit pas seulement garde à ces nouveaux venus. Il n'était occupé que d'aller trouver sa chère Cunégonde à Constantinople.

Chapitre XXVII

Voyage de Candide à Constantinople

LE FIDÈLE CACAMBO AVAIT DÉJÀ OBTENU du patron turc qui allait reconduire le sultan Achmet à Constantinople qu'il recevrait Candide et Martin sur son bord. L'un et

9. Émettre des pièces de monnaie est le privilège des souverains.
10. Monnaie d'or en usage en Italie.

l'autre s'y rendirent après s'être prosternés devant Sa misérable Hautesse. Candide, chemin faisant, disait à Martin : « Voilà pourtant six rois détrônés, avec qui nous avons soupé, et encore dans ces six rois il y en a un à qui j'ai fait l'aumône[1]. Peut-être y a-t-il beaucoup d'autres princes plus infortunés. Pour moi, je n'ai perdu que cent moutons, et je vole dans les bras de Cunégonde. Mon cher Martin, encore une fois, Pangloss avait raison : tout est bien. – Je le souhaite, dit Martin. – Mais, dit Candide, voilà une aventure bien peu vraisemblable que nous avons eue à Venise. On n'avait jamais vu ni ouï conter que six rois détrônés soupassent ensemble au cabaret. – Cela n'est pas plus extraordinaire, dit Martin, que la plupart des choses qui nous sont arrivées. Il est très commun que des rois soient détrônés ; et à l'égard de l'honneur que nous avons eu de souper avec eux, c'est une bagatelle qui ne mérite pas notre attention. »

À peine Candide fut-il dans le vaisseau qu'il sauta au cou de son ancien valet, de son ami Cacambo. « Eh bien ! lui dit-il, que fait Cunégonde ? Est-elle toujours un prodige de beauté ? M'aime-t-elle toujours ? Comment se porte-t-elle ? Tu lui as sans doute acheté un palais à Constantinople ?

– Mon cher maître, répondit Cacambo, Cunégonde lave les écuelles sur le bord de la Propontide[2], chez un prince qui a très peu d'écuelles ; elle est esclave dans la maison d'un ancien souverain nommé Ragotski[3], à qui le Grand Turc donne trois écus par jour dans son asile ; mais ce qui est bien plus triste, c'est qu'elle a perdu sa beauté et qu'elle est devenue horriblement laide. – Ah ! belle ou laide, dit Candide, je suis honnête homme, et mon devoir

1. À qui j'ai donné de l'argent parce qu'il était pauvre.
2. Ancien nom de la mer de Marmara, entre la Méditerranée et la mer Noire.
3. Prince hongrois révolté contre l'Autriche, réfugié en Turquie.

est de l'aimer toujours. Mais comment peut-elle être réduite à un état si abject avec les cinq ou six millions que tu avais apportés ? – Bon, dit Cacambo, ne m'en a-t-il pas fallu donner deux millions au señor don Fernando d'Ibaraa, y Figueora, y Mascarenes, y Lampourdos, y Souza, gouverneur de Buenos-Ayres, pour avoir la permission de reprendre mademoiselle Cunégonde ? Et un pirate ne nous a-t-il pas bravement dépouillés de tout le reste ? Ce pirate ne nous a-t-il pas menés au cap de Matapan, à Milo, à Nicarie, à Samos, à Petra, aux Dardanelles, à Marmora, à Scutari[4] ? Cunégonde et la vieille servent chez ce prince dont je vous ai parlé, et moi je suis esclave du sultan détrôné. – Que d'épouvantables calamités enchaînées les unes aux autres ! dit Candide. Mais, après tout, j'ai encore quelques diamants ; je délivrerai aisément Cunégonde. C'est bien dommage qu'elle soit devenue si laide. »

Ensuite, se tournant vers Martin : « Qui pensez-vous, dit-il, qui soit le plus à plaindre, de l'empereur Achmet, de l'empereur Ivan, du roi Charles-Édouard, ou de moi ? – Je n'en sais rien, dit Martin ; il faudrait que je fusse dans vos cœurs pour le savoir. – Ah ! dit Candide, si Pangloss était ici, il le saurait et nous l'apprendrait. – Je ne sais, dit Martin, avec quelles balances votre Pangloss aurait pu peser les infortunes des hommes et apprécier leurs douleurs. Tout ce que je présume, c'est qu'il y a des millions d'hommes sur la terre cent fois plus à plaindre que le roi Charles-Édouard, l'empereur Ivan et le sultan Achmet. – Cela pourrait bien être », dit Candide.

On arriva en peu de jours sur le canal de la mer Noire. Candide commença par racheter Cacambo fort cher, et, sans perdre de temps, il se jeta dans une galère, avec ses

4. Îles, villes et lieux de Grèce et de Turquie.

compagnons, pour aller sur le rivage de la Propontide chercher Cunégonde, quelque laide qu'elle pût être.

Il y avait dans la chiourme[1] deux forçats qui ramaient fort mal, et à qui le levanti[2] patron appliquait de temps en temps quelques coups de nerf de bœuf sur leurs épaules nues ; Candide, par un mouvement naturel, les regarda plus attentivement que les autres galériens et s'approcha d'eux avec pitié. Quelques traits de leurs visages défigurés lui parurent avoir un peu de ressemblance avec Pangloss et avec ce malheureux jésuite, ce baron, ce frère de Mlle Cunégonde. Cette idée l'émut et l'attrista. Il les considéra encore plus attentivement. « En vérité, dit-il à Cacambo, si je n'avais pas vu pendre maître Pangloss, et si je n'avais pas eu le malheur de tuer le baron, je croirais que ce sont eux qui rament dans cette galère. »

Au nom du baron et de Pangloss les deux forçats poussèrent un grand cri, s'arrêtèrent sur leur banc et laissèrent tomber leurs rames. Le levanti patron accourait sur eux, et les coups de nerf de bœuf redoublaient. « Arrêtez, arrêtez, Seigneur, s'écria Candide, je vous donnerai tant d'argent que vous voudrez. – Quoi ! c'est Candide ! disait l'un des forçats. – Quoi ! c'est Candide ! disait l'autre. – Est-ce un songe ? dit Candide ; veillé-je ? suis-je dans cette galère ? Est-ce là monsieur le baron que j'ai tué ? Est-ce là maître Pangloss que j'ai vu pendre ?

– C'est nous-mêmes, c'est nous-mêmes, répondaient-ils.
– Quoi ! c'est là ce grand philosophe ? disait Martin.
– Eh ! Monsieur le levanti patron, dit Candide, combien voulez-vous d'argent pour la rançon de M. de Thunder-ten-tronckh, un des premiers barons de l'Empire, et de M. Pangloss, le plus profond métaphysicien d'Allemagne ?

1. Ensemble des rameurs d'une galère.
2. Levantin (habitant du Levant, c'est-à-dire de l'Orient).

– Chien de chrétien, répondit le levanti patron, puisque ces deux chiens de forçats chrétiens sont des barons et des métaphysiciens, ce qui est sans doute une grande dignité dans leurs pays, tu m'en donneras cinquante mille sequins. – Vous les aurez, monsieur, ramenez-moi comme un éclair à Constantinople, et vous serez payé sur-le-champ. Mais non, menez-moi chez Mlle Cunégonde. » Le levanti patron, sur la première offre de Candide, avait déjà tourné la proue vers la ville, et il faisait ramer plus vite qu'un oiseau ne fend les airs.

Candide embrassa cent fois le baron et Pangloss. « Et comment ne vous ai-je pas tué, mon cher baron ? et mon cher Pangloss, comment êtes-vous en vie après avoir été pendu ? et pourquoi êtes-vous tous deux aux galères en Turquie ? Est-il bien vrai que ma chère sœur soit dans ce pays ? disait le baron. – Oui, répondait Cacambo. – Je revois donc mon cher Candide », s'écriait Pangloss. Candide leur présentait Martin et Cacambo. Ils s'embrassaient tous, ils parlaient tous à la fois. La galère volait, ils étaient déjà dans le port. On fit venir un Juif, à qui Candide vendit pour cinquante mille sequins un diamant de la valeur de cent mille, et qui lui jura par Abraham[3] qu'il n'en pouvait donner davantage. Il paya incontinent la rançon du baron et de Pangloss. Celui-ci se jeta aux pieds de son libérateur et les baigna de larmes ; l'autre le remercia par un signe de tête, et lui promit de lui rendre cet argent à la première occasion. « Mais est-il bien possible que ma sœur soit en Turquie ? disait-il. – Rien n'est si possible, reprit Cacambo, puisqu'elle écure[4] la vaisselle chez un prince de Transylvanie[5]. » On fit aussitôt venir deux Juifs ;

3. Figure biblique.
4. Nettoie.
5. Province roumaine, anciennement hongroise.

Candide vendit encore des diamants ; et ils repartirent tous dans une autre galère pour aller délivrer Cunégonde.

Chapitre XXVIII

Ce qui arriva à Candide, à Cunégonde, à Pangloss, à Martin, etc.

« PARDON, ENCORE UNE FOIS, dit Candide au baron ; pardon, mon Révérend Père, de vous avoir donné un grand coup d'épée au travers du corps. – N'en parlons plus, dit le baron ; je fus un peu trop vif, je l'avoue ; mais, puisque vous voulez savoir par quel hasard vous m'avez vu aux galères, je vous dirai qu'après avoir été guéri de ma blessure par le frère apothicaire[1] du collège, je fus attaqué et enlevé par un parti[2] espagnol ; on me mit en prison à Buenos-Ayres dans le temps que ma sœur venait d'en partir. Je demandai à retourner à Rome auprès du père général. Je fus nommé pour aller servir d'aumônier[3] à Constantinople auprès de M. l'ambassadeur de France. Il n'y avait pas huit jours que j'étais entré en fonctions, quand je trouvai sur le soir un jeune icoglan[4] très bien fait. Il faisait fort chaud : le jeune homme voulut se baigner[5] ; je pris cette occasion de me baigner aussi. Je ne savais pas que ce fût un crime capital pour un chrétien d'être trouvé tout nu avec un jeune musulman. Un cadi[6] me fit donner cent coups de bâton sous la plante des pieds et me condamna aux galères. Je ne crois pas qu'on ait fait une plus horrible injustice. Mais je voudrais bien savoir pourquoi

1. Pharmacien.
2. Clan, troupe de gens.
3. Prêtre chargé de la direction de conscience d'un personnage ou d'une communauté.
4. Page d'un grand seigneur turc.
5. Se rendre aux bains publics.
6. Juge musulman.

ma sœur est dans la cuisine d'un souverain de Transylvanie réfugié chez les Turcs.

– Mais vous, mon cher Pangloss, dit Candide, comment se peut-il que je vous revoie ? – Il est vrai, dit Pangloss, que vous m'avez vu pendre ; je devais naturellement être brûlé ; mais vous vous souvenez qu'il plut à verse lorsqu'on allait me cuire : l'orage fut si violent qu'on désespéra d'allumer le feu ; je fus pendu, parce qu'on ne put mieux faire : un chirurgien acheta mon corps, m'emporta chez lui, et me disséqua. Il me fit d'abord une incision cruciale[7] depuis le nombril jusqu'à la clavicule. On ne pouvait pas avoir été plus mal pendu que je l'avais été. L'exécuteur des hautes œuvres[8] de la sainte Inquisition, lequel était sous-diacre, brûlait à la vérité les gens à merveille, mais il n'était pas accoutumé à pendre : la corde était mouillée et glissa mal, elle fut nouée ; enfin je respirais encore : l'incision cruciale me fit jeter un si grand cri que mon chirurgien tomba à la renverse, et, croyant qu'il disséquait le diable, il s'enfuit en mourant de peur, et tomba encore sur l'escalier en fuyant. Sa femme accourut au bruit, d'un cabinet voisin ; elle me vit sur la table étendu avec mon incision cruciale : elle eut encore plus de peur que son mari, s'enfuit et tomba sur lui. Quand ils furent un peu revenus à eux, j'entendis la chirurgienne qui disait au chirurgien : “Mon bon, de quoi vous avisez-vous aussi de disséquer un hérétique[9] ? Ne savez-vous pas que le diable est toujours dans le corps de ces gens-là ? Je vais vite chercher un prêtre pour l'exorciser.” Je frémis à ce propos, et je ramassai le peu de forces qui me restaient, pour crier : “Ayez pitié de moi !” Enfin le barbier[10] portugais s'enhardit ; il recousit ma peau ; sa femme même eut

7. En forme de croix.
8. Le bourreau.
9. Personne professant une doctrine contraire à celle de l'Église catholique.
10. Le chirurgien.

soin de moi ; je fus sur pied au bout de quinze jours. Le barbier me trouva une condition[1], et me fit laquais d'un chevalier de Malte qui allait à Venise ; mais mon maître n'ayant pas de quoi me payer, je me mis au service d'un marchand vénitien, et je le suivis à Constantinople.

« Un jour il me prit fantaisie d'entrer dans une mosquée ; il n'y avait qu'un vieil iman et une jeune dévote très jolie qui disait ses patenôtres[2] ; sa gorge était toute découverte : elle avait entre ses deux tétons un beau bouquet de tulipes, de roses, d'anémones, de renoncules, d'hyacinthes et d'oreilles-d'ours[3] ; elle laissa tomber son bouquet ; je le ramassai, et je le lui remis avec un empressement très respectueux. Je fus si longtemps à le lui remettre que l'iman se mit en colère, et voyant que j'étais chrétien, il cria à l'aide. On me mena chez le cadi, qui me fit donner cent coups de lattes sur la plante des pieds et m'envoya aux galères. Je fus enchaîné précisément dans la même galère et au même banc que monsieur le baron. Il y avait dans cette galère quatre jeunes gens de Marseille, cinq prêtres napolitains, et deux moines de Corfou, qui nous dirent que de pareilles aventures arrivaient tous les jours. Monsieur le baron prétendait qu'il avait essuyé une plus grande injustice que moi ; je prétendais, moi, qu'il était beaucoup plus permis de remettre un bouquet sur la gorge d'une femme que d'être tout nu avec un icoglan. Nous disputions sans cesse, et nous recevions vingt coups de nerf de bœuf par jour, lorsque l'enchaînement des événements de cet univers vous a conduit dans notre galère, et que vous nous avez rachetés.

– Eh bien ! mon cher Pangloss, lui dit Candide, quand vous avez été pendu, disséqué, roué de coups, et que vous

1. Situation sociale, fonction.
2. Prières.
3. De jacinthes et de primevères.

avez ramé aux galères, avez-vous toujours pensé que tout allait le mieux du monde ? – Je suis toujours de mon premier sentiment, répondit Pangloss, car enfin je suis philosophe : il ne me convient pas de me dédire, Leibniz ne pouvant pas avoir tort, et l'harmonie préétablie étant d'ailleurs la plus belle chose du monde, aussi bien que le plein et la matière subtile[4]. »

Chapitre XXIX

Comment Candide retrouva Cunégonde et la vieille

PENDANT QUE CANDIDE, LE BARON, Pangloss, Martin et Cacambo contaient leurs aventures, qu'ils raisonnaient sur les événements contingents[5] ou non contingents de cet univers, qu'ils disputaient sur les effets et les causes, sur le mal moral et sur le mal physique, sur la liberté et la nécessité, sur les consolations que l'on peut éprouver lorsqu'on est aux galères en Turquie, ils abordèrent sur le rivage de la Propontide à la maison du prince de Transylvanie. Les premiers objets qui se présentèrent[6] furent Cunégonde et la vieille, qui étendaient des serviettes sur des ficelles pour les faire sécher.

Le baron pâlit à cette vue. Le tendre amant Candide, en voyant sa belle Cunégonde rembrunie, les yeux éraillés, la gorge sèche, les joues ridées, les bras rouges et écaillés, recula trois pas saisi d'horreur, et avança ensuite par bon procédé[7]. Elle embrassa Candide et son frère ; on embrassa la vieille : Candide les racheta toutes deux.

4. Voir Contextes (p. 6-7) et encadrés p. 13 et p. 14.
5. Non nécessaires, relevant du possible.
6. Les premières personnes qu'ils aperçurent.
7. De manière agréable, polie.

Il y avait une petite métairie[1] dans le voisinage : la vieille proposa à Candide de s'en accommoder, en attendant que toute la troupe eût une meilleure destinée. Cunégonde ne savait pas qu'elle était enlaidie, personne ne l'en avait avertie : elle fit souvenir Candide de ses promesses avec un ton si absolu que le bon Candide n'osa pas la refuser. Il signifia donc au baron qu'il allait se marier avec sa sœur. « Je ne souffrirai jamais, dit le baron, une telle bassesse de sa part et une telle insolence de la vôtre ; cette infamie ne me sera jamais reprochée : les enfants de ma sœur ne pourraient entrer dans les chapitres[2] d'Allemagne. Non, jamais ma sœur n'épousera qu'un baron de l'Empire. » Cunégonde se jeta à ses pieds et les baigna de larmes ; il fut inflexible. « Maître fou, lui dit Candide, je t'ai réchappé des galères, j'ai payé ta rançon, j'ai payé celle de ta sœur ; elle lavait ici des écuelles, elle est laide, j'ai la bonté d'en faire ma femme, et tu prétends encore t'y opposer ! Je te retuerais si j'en croyais ma colère. – Tu peux me tuer encore, dit le baron, mais tu n'épouseras pas ma sœur de mon vivant. »

Chapitre XXX

Conclusion

CANDIDE, DANS LE FOND DE SON CŒUR, n'avait aucune envie d'épouser Cunégonde. Mais l'impertinence extrême du baron le déterminait à conclure le mariage, et Cunégonde le pressait si vivement qu'il ne pouvait s'en dédire.

1. Ferme en location.
2. Assemblées de religieux.

Il consulta Pangloss, Martin et le fidèle Cacambo. Pangloss fit un beau mémoire[3] par lequel il prouvait que le baron n'avait nul droit sur sa sœur, et qu'elle pouvait, selon toutes les lois de l'Empire, épouser Candide de la main gauche[4]. Martin conclut à jeter le baron dans la mer. Cacambo décida qu'il fallait le rendre au levanti patron et le remettre aux galères ; après quoi on l'enverrait à Rome au père général par le premier vaisseau. L'avis fut trouvé fort bon ; la vieille l'approuva ; on n'en dit rien à sa sœur ; la chose fut exécutée pour quelque argent, et on eut le plaisir d'attraper un jésuite et de punir l'orgueil d'un baron allemand.

Il était tout naturel d'imaginer qu'après tant de désastres, Candide, marié avec sa maîtresse et vivant avec le philosophe Pangloss, le philosophe Martin, le prudent Cacambo et la vieille, ayant d'ailleurs rapporté tant de diamants de la patrie des anciens Incas, mènerait la vie du monde la plus agréable ; mais il fut tant friponné[5] par les Juifs qu'il ne lui resta plus rien que sa petite métairie ; sa femme, devenant tous les jours plus laide, devint acariâtre et insupportable ; la vieille était infirme et fut encore de plus mauvaise humeur que Cunégonde. Cacambo, qui travaillait au jardin, et qui allait vendre des légumes à Constantinople, était excédé de travail et maudissait sa destinée. Pangloss était au désespoir de ne pas briller dans quelque université d'Allemagne. Pour Martin, il était fermement persuadé qu'on est également mal partout ; il prenait les choses en patience. Candide, Martin et Pangloss disputaient quelquefois de métaphysique et de morale. On voyait souvent passer sous les fenêtres de la métairie des bateaux chargés d'effendis, de bachas[6], de

3. Rapport, exposé écrit.
4. Dans un mariage entre deux personnes de conditions différentes, la personne de condition supérieure donnait sa main gauche lors de la cérémonie.
5. Volé.
6. Dignitaires turcs.

cadis, qu'on envoyait en exil à Lemnos, à Mitylène, à Erzeroum[1]. On voyait venir d'autres cadis, d'autres bachas, d'autres effendis, qui prenaient la place des expulsés et qui étaient expulsés à leur tour. On voyait des têtes proprement empaillées qu'on allait présenter à la Sublime Porte[2]. Ces spectacles faisaient redoubler les dissertations ; et quand on ne disputait pas, l'ennui était si excessif que la vieille osa un jour leur dire : « Je voudrais savoir lequel est le pire, ou d'être violée cent fois par des pirates nègres, d'avoir une fesse coupée, de passer par les baguettes chez les Bulgares, d'être fouetté et pendu dans un auto-da-fé, d'être disséqué, de ramer en galère, d'éprouver enfin toutes les misères par lesquelles nous avons tous passé, ou bien de rester ici à ne rien faire ? – C'est une grande question », dit Candide.

Ce discours fit naître de nouvelles réflexions, et Martin surtout conclut que l'homme était né pour vivre dans les convulsions de l'inquiétude, ou dans la léthargie de l'ennui. Candide n'en convenait pas, mais il n'assurait rien. Pangloss avouait qu'il avait toujours horriblement souffert ; mais ayant soutenu une fois que tout allait à merveille, il le soutenait toujours, et n'en croyait rien.

Une chose acheva de confirmer Martin dans ses détestables principes, de faire hésiter plus que jamais Candide, et d'embarrasser Pangloss. C'est qu'ils virent un jour aborder dans leur métairie Paquette et le frère Giroflée, qui étaient dans la plus extrême misère ; ils avaient bien vite mangé leurs trois mille piastres, s'étaient quittés, s'étaient raccommodés, s'étaient brouillés, avaient été mis en prison, s'étaient enfuis, et enfin frère Giroflée s'était fait turc[3]. Paquette continuait son métier partout, et n'y

1. Îles grecques et ville de Turquie orientale, synonymes de lieux d'exil.
2. Nom donné autrefois au pouvoir ottoman.
3. S'était converti à l'islam.

gagnait plus rien. « Je l'avais bien prévu, dit Martin à Candide, que vos présents seraient bientôt dissipés et ne les rendraient que plus misérables. Vous avez regorgé de millions de piastres, vous et Cacambo, et vous n'êtes pas plus heureux que frère Giroflée et Paquette. – Ah, ah ! dit Pangloss à Paquette, le ciel vous ramène donc ici parmi nous, ma pauvre enfant ! Savez-vous bien que vous m'avez coûté le bout du nez, un œil et une oreille ? Comme vous voilà faite ! Et qu'est-ce que ce monde ! » Cette nouvelle aventure les engagea à philosopher plus que jamais.

Il y avait dans le voisinage un derviche[4] très fameux, qui passait pour le meilleur philosophe de la Turquie ; ils allèrent le consulter ; Pangloss porta la parole, et lui dit : « Maître, nous venons vous prier de nous dire pourquoi un aussi étrange animal que l'homme a été formé.

– De quoi te mêles-tu ? dit le derviche, est-ce là ton affaire ? – Mais, mon Révérend Père, dit Candide, il y a horriblement de mal sur la terre. – Qu'importe, dit le derviche, qu'il y ait du mal ou du bien ? Quand Sa Hautesse envoie un vaisseau en Égypte, s'embarrasse-t-elle si les souris qui sont dans le vaisseau sont à leur aise ou non ? – Que faut-il donc faire ? dit Pangloss. – Te taire, dit le derviche. – Je me flattais, dit Pangloss, de raisonner un peu avec vous des effets et des causes, du meilleur des mondes possibles, de l'origine du mal, de la nature de l'âme et de l'harmonie préétablie. » Le derviche, à ces mots, leur ferma la porte au nez.

Pendant cette conversation, la nouvelle s'était répandue qu'on venait d'étrangler à Constantinople deux vizirs du banc et le muphti[5], et qu'on avait empalé plusieurs de leurs amis. Cette catastrophe faisait partout un grand

4. et 5. Religieux musulmans.

bruit pendant quelques heures. Pangloss, Candide et Martin, en retournant à la petite métairie, rencontrèrent un bon vieillard qui prenait le frais à sa porte sous un berceau d'orangers. Pangloss, qui était aussi curieux que raisonneur, lui demanda comment se nommait le muphti qu'on venait d'étrangler. « Je n'en sais rien, répondit le bonhomme, et je n'ai jamais su le nom d'aucun muphti ni d'aucun vizir. J'ignore absolument l'aventure dont vous me parlez ; je présume qu'en général ceux qui se mêlent des affaires publiques périssent quelquefois misérablement, et qu'ils le méritent ; mais je ne m'informe jamais de ce qu'on fait à Constantinople ; je me contente d'y envoyer vendre les fruits du jardin que je cultive. » Ayant dit ces mots, il fit entrer les étrangers dans sa maison : ses deux filles et ses deux fils leur présentèrent plusieurs sortes de sorbets qu'ils faisaient eux-mêmes, du kaïmac[1] piqué d'écorces de cédrat confit, des oranges, des citrons, des limons, des ananas, des pistaches, du café de Moka[2] qui n'était point mêlé avec le mauvais café de Batavia et des îles. Après quoi les deux filles de ce bon musulman parfumèrent les barbes de Candide, de Pangloss et de Martin.

« Vous devez avoir, dit Candide au Turc, une vaste et magnifique terre ? – Je n'ai que vingt arpents, répondit le Turc ; je les cultive avec mes enfants ; le travail éloigne de nous trois grands maux : l'ennui, le vice, et le besoin. »

Candide, en retournant dans sa métairie, fit de profondes réflexions sur le discours du Turc. Il dit à Pangloss et à Martin : « Ce bon vieillard me paraît s'être fait un sort bien préférable à celui des six rois avec qui nous avons eu l'honneur de souper. – Les grandeurs, dit Pangloss, sont

La Turquie, fin du voyage

Candide ne revient pas à son point de départ. Le choix de cette région de la Turquie a sans doute été suggéré à Voltaire par les descriptions des voyageurs de l'époque, mais aussi par son cadre de vie rustique aux Délices à Genève. Cette situation hors d'Europe est aussi un moyen pour l'auteur de prolonger l'utopie de l'Eldorado dans un Orient idéalisé, mais où la barbarie des sultans n'est cependant pas loin. ■

1. Sorte de sorbet turc ; crème très épaisse et jaune.
2. Ville d'Arabie.

fort dangereuses, selon le rapport de tous les philosophes : car enfin Églon, roi des Moabites, fut assassiné par Aod ; Absalon fut pendu par les cheveux et percé de trois dards ; le roi Nadab, fils de Jéroboam, fut tué par Baaza ; le roi Éla, par Zambri ; Ochosias, par Jéhu ; Athalia, par Joïada ; les rois Joachim, Jéchonias, Sédécias[3], furent esclaves. Vous savez comment périrent Crésus, Astyage, Darius, Denys de Syracuse, Pyrrhus, Persée, Annibal, Jugurtha, Arioviste, César, Pompée, Néron, Othon, Vitellius, Domitien, Richard II d'Angleterre, Édouard II, Henri VI, Richard III, Marie Stuart, Charles Ier, les trois Henri de France, l'empereur Henri IV[4] ? Vous savez… – Je sais aussi, dit Candide, qu'il faut cultiver notre jardin. – Vous avez raison, dit Pangloss : car, quand l'homme fut mis dans le jardin d'Éden[5], il y fut mis *ut operaretur eum*, pour qu'il travaillât ; ce qui prouve que l'homme n'est pas né pour le repos. – Travaillons sans raisonner, dit Martin ; c'est le seul moyen de rendre la vie supportable. »

Toute la petite société entra dans ce louable dessein ; chacun se mit à exercer ses talents. La petite terre rapporta beaucoup. Cunégonde était à la vérité bien laide ; mais elle devint une excellente pâtissière ; Paquette broda ; la vieille eut soin du linge. Il n'y eut pas jusqu'à frère Giroflée qui ne rendît service ; il fut un très bon menuisier, et même devint honnête homme ; et Pangloss disait quelquefois à Candide : « Tous les événements sont enchaînés dans le meilleur des mondes possibles ; car enfin, si vous n'aviez pas été chassé d'un beau château à grands coups de pied dans le derrière pour l'amour de Mlle Cunégonde, si vous n'aviez pas été mis à l'Inquisition, si vous n'aviez pas couru l'Amérique à pied, si vous

3. Personnages bibliques.
4. Personnages antiques et modernes.
5. Le Paradis terrestre, avant le péché originel.

n'aviez pas donné un bon coup d'épée au baron, si vous n'aviez pas perdu tous vos moutons du bon pays d'Eldorado, vous ne mangeriez pas ici des cédrats confits et des pistaches. – Cela est bien dit, répondit Candide, mais il faut cultiver notre jardin. »

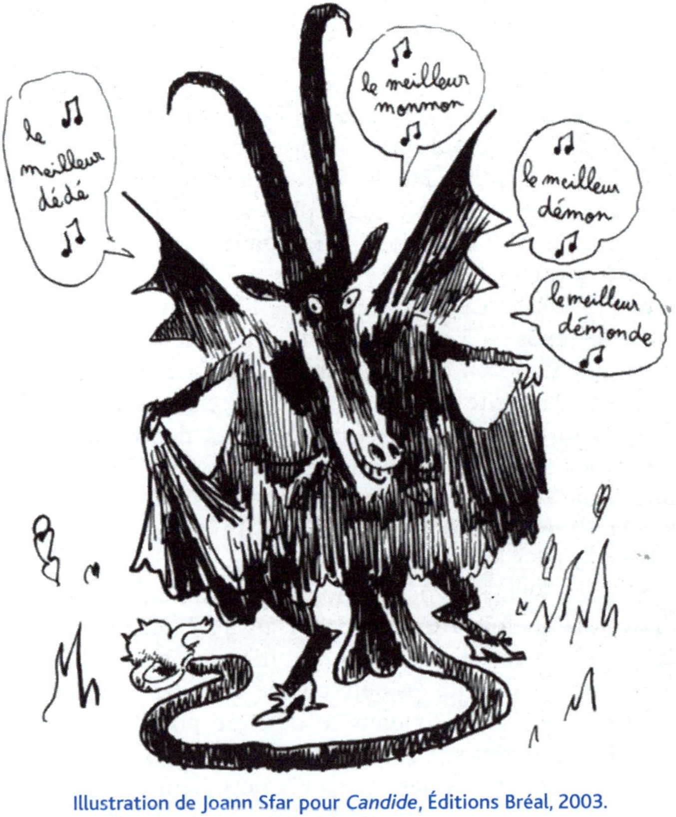

Illustration de Joann Sfar pour *Candide*, Éditions Bréal, 2003.

« Un livre n'est excusable qu'autant qu'il apprend quelque chose. »
Voltaire

Relire...
Candide
ou l'Optimisme

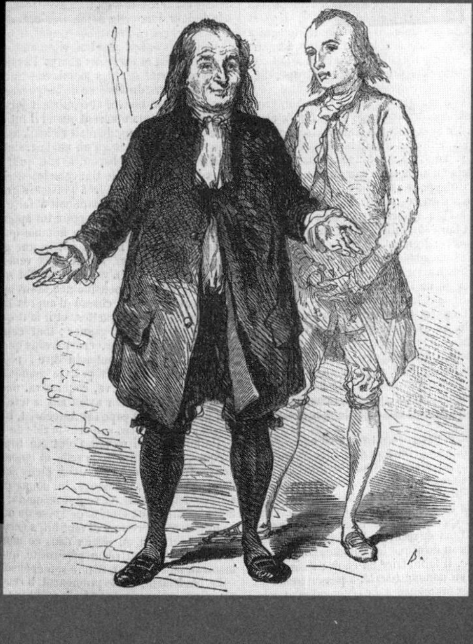

Testez votre lecture

Le cadre spatio-temporel

1 Où Voltaire situe-t-il géographiquement le début du conte ? Commentez ce choix en fonction de la biographie de l'auteur.

2 Comment Voltaire nomme-t-il le lieu que Candide est contraint de quitter au tout début du chapitre II ? Que pensez-vous de cette appellation à la lumière du déroulement ultérieur du récit ?

3 Combien dure approximativement le périple de Candide et ses amis ? Vous vous appuierez notamment sur les dates historiquement vérifiables du récit. Quelles remarques pouvez-vous faire à ce sujet ?

Les personnages du conte

4 Comment Voltaire explique-t-il le nom de Candide qu'il attribue à son personnage (chapitre I) ? Commentez.

5 Quels sont les différents conseillers et compagnons de Candide au cours de son périple ? Dans quel ordre se succèdent-ils ?

6 Quels sont les personnages féminins du conte ? Quel(s) rôle(s) jouent-ils ?

L'écriture du conte

7 Quels sont les éléments narratifs qui assurent la continuité du récit ? En particulier, quelles sont les focalisations choisies par Voltaire et quels effets en tire-t-il ?

8 Comment Voltaire mêle-t-il réalité historique et fiction ? Vous choisirez deux exemples pour illustrer votre propos.

9 Le récit de Voltaire ne cherche pas la vraisemblance. Quelles sont selon vous ses véritables intentions ?

10 Définissez brièvement les traits principaux de l'ironie de Voltaire à partir de ce conte.

La portée du conte

11 Si vous ne deviez conserver qu'une seule impression à la lecture du conte, laquelle privilégieriez-vous et pourquoi ?

12 Comment expliquez-vous le succès immédiat et durable de Candide malgré les critiques ?

PERSONNAGES	ACTIONS
	La vieille Europe (chapitres I à VI)
Candide, Pangloss (et Cunégonde)	Candide vit heureux en Westphalie au château du baron son oncle, où il se nourrit des leçons du docteur Pangloss, adepte de l'optimisme. Mais il en est chassé pour avoir embrassé Cunégonde, la fille du baron **(chapitre I)**. Aussitôt enrôlé dans l'armée bulgare, il échappe de peu à la mort et se retrouve plongé dans une bataille meurtrière où il retrouve Pangloss, qui lui apprend la destruction du château et la mort de Cunégonde **(chapitres II à IV)**. Tous deux suivent leur nouveau maître, Jacques l'anabaptiste, à Lisbonne, où ils assistent à un terrible séisme **(chapitre V)**. Soupçonnés d'impiété, ils sont condamnés au cours d'un autodafé. Pangloss est pendu, Candide fessé **(chapitre VI)**.
	Entre les deux Mondes (chapitres VII à XII)
Candide, la vieille (et Cunégonde)	Une vieille femme prend soin de Candide et lui permet de retrouver Cunégonde qui, ayant échappé à la mort, est devenue la maîtresse de l'inquisiteur et d'un riche banquier juif **(chapitres VII et VIII)**. Surpris par ces derniers en compagnie de Cunégonde, Candide les tue **(chapitre IX)**. Il s'enfuit avec Cunégonde et la vieille, et s'embarque sur un navire qui part pour l'Amérique **(chapitre X)**. Pendant la traversée, la vieille fait le récit de sa vie, une accumulation de malheurs **(chapitres XI et XII)**.
	À la découverte du Nouveau Monde (chapitres XIII à XIX)
Candide et Cacambo	Arrivé à Buenos Aires, Candide doit se séparer de Cunégonde, que le gouverneur local veut épouser **(chapitre XIII)**. Il part avec son valet Cacambo, fait un court séjour au Paraguay chez les jésuites, où il retrouve le frère de Cunégonde, qu'il tue lors d'une dispute **(chapitres XIV et XV)**. Contraint de fuir, il est accueilli dans l'Eldorado, société idéale coupée du monde où règnent bonheur et prospérité et où l'or, présent à profusion, n'a aucune valeur. Il décide pourtant d'en partir pour retrouver Cunégonde **(chapitres XVI à XVIII)**. Chargé d'or, il arrive au Surinam, où il découvre les horreurs de l'esclavage. Il se sépare de Cacambo, qu'il charge d'aller racheter Cunégonde, et lui donne rendez-vous à Venise **(chapitre XIX)**.

Le retour en Europe (chapitres XX à XXVI)

Candide et Martin

Candide se choisit un nouveau compagnon de voyage, Martin, qui, à l'inverse de Pangloss, pense que tout est mal. Ils arrivent en France, découvrent la vie parisienne, qui les déçoit **(chapitres XX à XXII)**. Après un court crochet en Angleterre, pays qui ne les séduit pas plus **(chapitre XXIII)**, ils arrivent à Venise. Lors d'un souper, Candide retrouve Cacambo, devenu l'esclave d'un roi déchu. Celui-ci lui apprend alors que Cunégonde est devenue la servante d'un prince réfugié en Turquie, et qu'elle s'est terriblement enlaidie. Ils partent pour la rejoindre **(chapitres XXIV à XXVI)**.

Sur la route de Constantinople (chapitres XXVII à XXIX)

Candide, Martin, Cacambo, Pangloss, Cunégonde et les autres

Sur le chemin, Candide retrouve Pangloss et le frère de Cunégonde, qui ont échappé à la mort et sont devenus galériens. Candide les rachète, et ils arrivent en Turquie, retrouvent Cunégonde et la vieille, que Candide rachète également.

Candide en son jardin (chapitre XXX)

Tous les personnages réunis

Candide a perdu toute la fortune qu'il avait emportée de l'Eldorado. La petite troupe s'installe dans une propriété en Turquie. Dans un premier temps, l'ennui les gagne. Une visite à un derviche, puis à un paysan turc finit par convaincre Candide que la seule manière de rendre la vie supportable est de travailler. Le conte s'achève sur l'image d'une communauté laborieuse où chacun travaille selon ses compétences, tandis que Candide conclut : « Il faut cultiver notre jardin. »

Pause lecture 1

Le tremblement de terre : l'ironie comme arme de combat ?

Chapitre VI, p. 28 à 30

Retour au texte

1 • Quelles expériences Candide a-t-il connues avant cet épisode ? Quelles leçons a-t-il pu en tirer ?

Interprétations

Quel remède choisir ?

2 • De quelle nature est le moyen choisi par les autorités du pays pour lutter contre le tremblement de terre ?

3 • Reconstituez leur raisonnement et indiquez à quelle tradition se rattache leur argumentation. Quelles sont, selon vous, les intentions de Voltaire ?

Quelle est son efficacité ?

4 • Pourquoi Voltaire détaille-t-il le rituel de l'autodafé ? Quel effet recherche-t-il ?

5 • Que traduit selon vous le recours insistant aux tournures passives et impersonnelles ?

6 • Comparez la description de l'autodafé dans *Candide* à l'évocation proposée dans l'essai de Voltaire (p. 135). Quelles ressemblances et quelles différences notez-vous ?

Quel enseignement tirer de cette scène ?

7 • La tonalité de l'avant-dernier paragraphe est-elle identique à celle du reste du chapitre ? Pourquoi ?

8 • Quel est le point commun à toutes les interrogations de Candide dans ce paragraphe ? Quel éclairage jettent-elles sur le passage ?

Et vous ?

Recherche et exposé

Faites des recherches sur l'histoire et les pratiques de l'Inquisition et expliquez, en vous appuyant sur votre lecture de *Candide* et sur l'extrait de l'*Essai sur les mœurs* (p. 135), pourquoi l'Inquisition symbolise pour Voltaire le fanatisme.

Vers l'oral du bac

1 **Question sur l'extrait** - En quoi ce chapitre est-il représentatif de l'ironie voltairienne ?

2 **Question sur un autre extrait (chapitres II et III)** - Quelles sont les premières aventures vécues par Candide une fois sorti du château ? Qu'annoncent-elles ?

Voltaire, *Essai sur les mœurs* (1756)

*L'*Essai sur les mœurs *est une vaste histoire du monde, de Charlemagne à Louis XIV, mais aussi une œuvre philosophique dans laquelle Voltaire cherche à discerner les progrès de la raison au milieu des pires atrocités. Il consacre plusieurs pages aux méthodes obscurantistes de l'Inquisition, qui s'achèvent par une réflexion sur la pratique de l'autodafé.*

Jamais la nature humaine n'est si avilie que quand l'ignorance superstitieuse est armée du pouvoir.

Mais ces tristes effets de l'Inquisition sont peu de chose en comparaison de ces sacrifices publics qu'on nomme *autodafé,* acte de foi, et des horreurs qui les précèdent.

C'est un prêtre en surplis, c'est un moine voué à l'humilité et à la douceur, qui fait dans de vastes cachots appliquer des hommes aux tortures les plus cruelles. C'est ensuite un théâtre dressé dans une place publique, où l'on conduit au bûcher tous les condamnés, à la suite d'une procession de moines et de confréries. On chante, on dit la messe, et on tue des hommes. Un Asiatique qui arriverait à Madrid le jour d'une telle exécution ne saurait si c'est une réjouissance, une fête religieuse, un sacrifice, ou une boucherie ; et c'est tout cela ensemble. Les rois, dont ailleurs la seule présence suffit pour donner grâce à un criminel, assistent nu-tête à ce spectacle, sur un siège moins élevé que celui de l'inquisiteur, et voient expirer leurs sujets dans les flammes. On reprochait à Montezuma[1] d'immoler des captifs à ses dieux ; qu'aurait-il dit s'il avait vu un *autodafé* ?

1. Dernier souverain aztèque du Mexique précolombien.

Pause lecture 2 Le récit de la vieille : un concentré du conte ?

Chapitre XII, p. 45 à 49

Retour au texte

1 • Relisez les lignes 31 à 33. Sur quel principe d'écriture cette phrase est-elle bâtie ? En quoi ce procédé est-il représentatif de celui du conte dans son ensemble ?

2 • Comparez la phrase : « Figurez-vous [...] dans Alger » (l. 40 à 45) à celle que prononce la vieille à la fin du conte (« Je voudrais savoir [...] ne rien faire ? », l. 43 à 49, p. 124). Quelles analogies relevez-vous ?

Interprétations

Un conte dans un conte

3 • À quelle dynamique obéit le récit de la vieille dans ce chapitre ? Comparez avec celle de *Candide* dans son ensemble.

4 • De quelles natures sont les événements que traverse la vieille ? Quel procédé est utilisé pour les raconter, notamment à partir de la ligne 48 ?

Un résumé des malheurs du monde

5 • À quel épisode antérieur peut-on comparer le combat entre Turcs et Russes ? Que suggère cette ressemblance ?

6 • De quels sévices, subis par d'autres personnages, peut-on rapprocher l'amputation de la vieille et de ses compagnes ? Selon vous, quel rôle symbolique joue cet épisode ?

Un reflet de la condition humaine ?

7 • Quelle solution la vieille a-t-elle envisagée pour mettre un terme à ses malheurs ? Pourquoi l'a-t-elle écartée ?

8 • Comparez les propos de la vieille sur la valeur de l'existence humaine à ceux de la lettre de Voltaire (p. 137).

Et vous ?

Expression écrite

Imaginez la réponse que Candide pourrait faire au récit de la vieille, à partir de sa propre expérience.

Vers l'oral du bac

1 **Question sur l'extrait** - Quel rôle joue le récit de la Vieille à cet instant précis du conte ?

2 **Question sur un autre extrait (chapitre XXIV)** - Rapprochez la conclusion de la vieille des paroles de Martin et du pari qui en découle avec Candide (p. 98-99). Qu'en pensez-vous ?

Voltaire, *Lettre à Madame du Deffand* (1754)

Dans cette lettre, écrite peu après sa désastreuse expérience à la cour de Frédéric II de Prusse, dans un moment sombre de son existence, Voltaire envisage le suicide, mais l'écarte pour lui-même, non sans humour.

Je conviens que la vie n'est pas bonne à grand-chose ; nous ne la supportons que par la force d'un instinct presque invincible que la nature nous a donné ; elle a ajouté à cet instinct le fond de la boîte de Pandore, l'espérance[1]. C'est quand l'espérance nous manque absolument, lorsqu'une mélancolie insupportable nous saisit, que l'on triomphe alors de cet instinct qui nous fait aimer les chaînes de la vie, et qu'on a le courage de sortir d'une maison mal bâtie qu'on désespère de raccommoder. C'est le parti qu'ont pris en dernier lieu deux personnes du pays que j'habite[2]. L'un de ces deux philosophes était une fille de dix-huit ans, à qui les jésuites avaient tourné la tête, et qui pour se défaire d'eux est allée dans l'autre monde. C'est un parti que je ne prendrai pas, du moins sitôt, par la raison que je me suis fait des rentes viagères sur deux souverains, et que je serais inconsolable si ma mort enrichissait deux têtes couronnées[3].

1. Légende antique qui veut que les dieux aient enfermé tous les maux dans un coffret qu'ils avaient confié à Pandore avec interdiction de l'ouvrir. Poussée par la curiosité, celle-ci l'ouvrit, les libérant alors. Du fond du coffret sortit également un dernier occupant, l'espérance.
2. Colmar.
3. Voltaire est le créancier de plusieurs princes européens. C'est l'une des sources de sa fortune considérable.

Pause lecture 3

L'Eldorado : le bonheur est-il utopique ?

Chapitre XVIII, p. 67 à 73

Retour au texte

1 • Où se situe l'Eldorado ?

2 • Relevez, dans le chapitre, les éléments relevant du merveilleux.

3 • Étudiez la manière dont le narrateur évoque l'or, l'argent et les pierres précieuses.

Interprétations

À quoi ressemble l'Eldorado ?

4 • En vous appuyant sur le chapitre XVII, précisez les particularités géographiques du pays d'Eldorado. En quoi peuvent-elles expliquer ses caractéristiques, telles qu'elles apparaissent dans le chapitre XVIII ?

Comment vit-on en Eldorado ?

5 • Quelles questions Candide aborde-t-il avec ses interlocuteurs ? Quelles sont les différences majeures entre son expérience et ce qu'il découvre en Eldorado ?

6 • Quelles sont les mœurs des habitants de l'Eldorado ? Comparez-les avec celles des Gangarides (p. 139). Quelle est la religion de chacun de ces peuples ?

Peut-on supporter le bonheur offert par l'Eldorado ?

7 • Relisez le passage où Candide expose ses raisons de quitter l'Eldorado. Que révèlent-elles du personnage ?

8 • Le choix que fait Candide de quitter l'Eldorado vous semble-t-il raisonnable ?

Et vous ?

Expression écrite

L'Eldorado préfigure-t-il le jardin du dernier chapitre ? Comparez ces deux lieux géographiques en mettant en valeur leurs points communs et leurs différences.

Vers l'oral du bac

1 **Question sur l'extrait** - En quoi le récit vous paraît-il représentatif du genre de l'utopie ?

2 **Question sur l'ensemble du conte** - Candide affirme : « le château où je suis né ne vaut pas le pays où nous sommes » (l. 132-133, p. 71). Comment peut-on interpréter, à la lumière de l'ensemble du conte, ce jugement ?

Voltaire, *La Princesse de Babylone* (1768)

Dans un autre conte philosophique, La Princesse de Babylone, *Voltaire esquisse une version d'une seconde utopie : le pays des Gangarides, aux confins de l'Inde, où les animaux vivent encore en harmonie avec les hommes. La princesse s'entretient sur les habitudes de vie du pays avec l'oiseau serviteur d'Amazan, un prince gangaride dont elle est tombée amoureuse.*

Son pays, madame, est celui des Gangarides, peuple vertueux et invincible qui habite la rive orientale du Gange. Le nom de mon ami est Amazan. Il n'est pas roi, et je ne sais même pas s'il voudrait s'abaisser à l'être ; il aime trop ses compatriotes : il est berger comme eux. Mais n'allez pas vous imaginer que ces bergers ressemblent aux vôtres, qui, couverts à peine de lambeaux déchirés, gardent des moutons infiniment mieux habillés qu'eux ; qui gémissent sous le fardeau de la pauvreté, et qui payent à un exacteur[1] la moitié des gages chétifs qu'ils reçoivent de leurs maîtres. Les bergers gangarides, nés tous égaux, sont les maîtres des troupeaux innombrables qui couvrent leurs prés éternellement fleuris. On ne les tue jamais : c'est un crime horrible vers le Gange de tuer et de manger son semblable. Leur laine, plus fine et plus brillante que la plus belle soie, est le plus grand commerce de l'Orient. D'ailleurs la terre des Gangarides produit tout ce qui peut flatter les désirs de l'homme. Ces gros diamants qu'Amazan a eu l'honneur de vous offrir sont d'une mine qui lui appartient. Cette licorne que vous l'avez vu monter est la monture ordinaire des Gangarides. [...]

À propos, mon cher oiseau, lui dit la princesse, y a-t-il une religion chez les Gangarides ? S'il y en a une ? Madame, nous nous assemblons pour rendre grâces à Dieu, les jours de la pleine lune, les hommes dans un grand temple de cèdre, les femmes dans un autre, de peur des distractions ; tous les oiseaux dans un bocage, les quadrupèdes sur une belle pelouse. Nous remercions Dieu de tous les biens qu'il nous a faits.

1. Percepteur des impôts.

Pause lecture 4

Venise : les rêves de pouvoir finissent-ils toujours en mascarade ?

Chapitre XXVI, p. 110 à 113

Retour au texte

1 • Relevez, dans le chapitre, les termes qui fontréférence au carnaval. Quelle est leur fonction ?

2 • Comment le passage est-il composé ? À quel genre littéraire s'apparente-t-il ?

Interprétations

Un souper à surprises

3 • Quel point commun réunit tous les convives ?

4 • Rapprochez ce chapitre du récit de la vieille (chapitre XII) et des événements politiques racontés ou évoqués dans la conclusion du conte. Que constatez-vous ?

5 • Quel rôle occupe Candide dans cette scène ? En quoi est-il différent de celui qu'il joue dans le reste du conte ?

La vanité du pouvoir

6 • En vous aidant du texte de la page 141, pouvez-vous dire pourquoi Voltaire a choisi le carnaval comme décor de cette scène ?

7 • Quelle leçon se dégage des propos des rois déchus ?

8 • Quel rôle particulier joue le dernier roi dans ce chapitre ?

9 • Commentez l'interrogation finale des cinq autres rois quand ils voient le don de Candide à leur compagnon.

Et vous ?

Lecture comparée

Lisez la scène du souper dans *Zadig* (chapitre XII), et comparez-la avec ce chapitre de Candide, en choisissant comme axe de lecture l'art du conte chez Voltaire.

Vers l'oral du bac

1 **Question sur l'extrait** - Caractérisez la tonalité générale du chapitre.

2 **Question sur l'ensemble du conte** - Quel est le jugement de Voltaire sur le pouvoir politique dans ce conte ?

Voltaire, *La Princesse de Babylone* (1768)

Dans La Princesse de Babylone, *les personnages sont lancés par les circonstances dans un nouveau périple hasardeux à travers le monde. L'un des héros décrit son arrivée à Venise, avec le regard « candide » de celui qui ne connaît pas les us et coutumes de la ville, au moment du carnaval.*

Après avoir franchi les Alpes, il s'embarqua sur la mer de Dalmatie[1], et aborda dans une ville qui ne ressemblait à rien de tout de ce qu'il avait vu jusqu'alors. La mer formait les rues, les maisons étaient bâties dans l'eau. Le peu de places publiques qui ornaient cette ville était couvert d'hommes et de femmes qui avaient un double visage, celui que la nature leur avait donné, et une face de carton mal peint, qu'ils appliquaient par-dessus : en sorte que la nation semblait composée de spectres. Les étrangers qui venaient dans cette contrée commençaient par acheter un visage, comme on se pourvoit ailleurs de bonnets et de souliers. Amazan dédaigna cette mode contre nature ; il se présenta tel qu'il était. Il y avait dans la ville douze mille filles enregistrées dans le grand livre de la république : filles utiles à l'État, chargées du commerce le plus avantageux et le plus agréable qui ait jamais enrichi une nation. Les négociants ordinaires envoyaient à grands frais et à grands risques des étoffes dans l'Orient ; ces belles négociantes faisaient sans aucun risque un trafic toujours renaissant de leurs attraits.

1. La mer Adriatique.

Pause lecture 5 Pourquoi devons-nous « cultiver notre jardin » ?

Chapitre XXX, p. 122 à 128

Retour au texte

1 • Quel terme résume l'état d'esprit des protagonistes au début du chapitre ?

2 • Quel mot synthétise la nouvelle vie des personnages après la rencontre du vieux Turc ?

Interprétations

Des retrouvailles décevantes

3 • Que traduit le comportement de chacun des personnages par rapport à ce que nous savons de leurs caractéristiques antérieures ?

Une révélation

4 • Quel enseignement se dégage de la rencontre avec le vieillard turc ? Comment prolonge-t-elle celle du derviche ?

5 • Quelles décisions prennent les personnages à la fin du conte ? En quoi diffèrent-elles de leurs choix précédents ?

Les vertus du travail ou les joies du propriétaire

6 • Comparez le parc du premier chapitre au jardin du dernier. Quelles observations pouvez-vous faire ?

7 • Comparez les richesses acquises à la fin du chapitre et celles ramenées de l'Eldorado. Quelles différences observez-vous ? Aidez-vous du texte de John Locke (p. 143) pour répondre.

Et vous ?

Lecture comparée

« Faut-il imaginer Candide heureux à la fin du récit ? » Vous répondrez à cette question en choisissant de le faire parler à la première personne.

Vers l'oral du bac

1 **Question sur l'extrait** - À quelle forme de dénouement appartient ce chapitre ?

2 **Question sur l'ensemble du conte** - À quelle conception de la richesse se rattache la pensée de Voltaire dans Candide ?

John Locke, *Deuxième Traité du gouvernement civil* (1690)

Voltaire, défenseur de la philosophie de Locke, s'est sans aucun doute inspiré de sa théorie sur le droit de la propriété, présentée ici, lorsqu'il a écrit Candide. *Il est en effet éclairant de comparer le dénouement du conte à ce texte.*

Bien que la terre et toutes les créatures inférieures appartiennent en commun à tous les hommes, chacun garde la *propriété* de sa propre *personne*. Sur celle-ci, nul n'a droit que lui-même. Le *travail* de son corps et l'*ouvrage* de ses mains, pouvons-nous dire, sont vraiment à lui. Toutes les fois qu'il fait sortir un objet de l'état où la Nature l'a mis et l'a laissé, il y mêle son *travail,* il y joint quelque chose qui lui appartient et de ce fait, il se l'*approprie*. Cet objet, soustrait par lui à l'état commun dans lequel la Nature l'avait placé, se voit adjoindre par ce *travail* quelque chose qui exclut le droit commun des autres hommes. Sans aucun doute, ce *travail* appartient à l'ouvrier. [...]

Voici ce qui est sûr : au début, avant que le désir des hommes de posséder plus que le nécessaire n'eût changé la valeur intrinsèque des choses, que seule détermine leur utilité pour la vie humaine, avant qu'on n'eût *convenu de reconnaître à un petit morceau de métal jaune,* capable de se conserver sans usure, ni détérioration, plus de valeur qu'à une grosse pièce de viande ou à un tas de blé entier, même si chaque homme avait le droit de s'approprier, par son travail et pour son compte, tous les biens naturels dont il pouvait se servir, cela ne risquait pas d'aller bien loin, ni de causer du tort aux autres, car la même abondance restait à la disposition de quiconque ferait preuve d'autant d'industrie. À cela j'ajouterai, que, quiconque s'approprie des terres par son travail ne diminue pas les ressources communes de l'humanité, mais les accroît. En effet, les provisions qui servent à l'entretien de la vie humaine et que produit un acre de terre enclose et cultivée atteignent dix fois à peu de chose près la quantité produite par un acre d'une terre aussi riche, mais commune et restée en friche.

Chap. V, traduction de Bernard Gilson, © Librairie Philosophique. J. Vrin, Paris, 1997.

Une thématique permanente alimentée par l'actualité de l'époque

• Dans *Candide*, Voltaire reprend certains thèmes récurrents dans son œuvre antérieure en les illustrant par des faits autobiographiques ou empruntés à l'actualité récente. Ils témoignent de la permanence des combats menés par l'auteur au long de sa vie. Ainsi dénonce-t-il l'**absurdité et la cruauté de la guerre**, dès le début du conte (chapitres II et III), avec l'affrontement des Abares et des Bulgares, allusion à la guerre de Sept Ans (1756-1763), en cours au moment de la rédaction. En écho (chapitre XII), le récit de la vieille évoque le conflit russo-turc (1735-1739), avec son même cortège de morts, de viols et de mutilations, soulignant le caractère répétitif des malheurs inhérents à la guerre.

• Il s'élève également contre le **fanatisme religieux et l'intolérance**, illustrés par les pratiques de l'Inquisition que le tremblement de terre de Lisbonne a réactivées (chapitre VI). Cette critique se prolonge, lors du séjour en Amérique, par la mise en cause des jésuites dans leur manière d'établir leur hégémonie sur le Paraguay (chapitres XIV-XV) ou par celle des jansénistes à Paris (chapitre XXII). En contrepoint, la religion modérée des habitants de l'Eldorado illustre les conceptions anti dogmatiques de Voltaire (chapitre XVIII).

• Il se moque par ailleurs des **préjugés aristocratiques** liés à la naissance, symbolisés par les prétentions nobiliaires des parents et du frère de Cunégonde (chapitres I et XXIX notamment) qui refusent la main de celle-ci à Candide pour des raisons généalogiques dérisoires. En fait, c'est le mode de vie de la noblesse, fondé selon lui sur l'oisiveté improductive, que Voltaire rejette, en faisant chasser symboliquement par Candide le frère de Cunégonde de la petite société qui se constitue à la fin du récit.

• Plus généralement, ce sont les ravages de l'**obscurantisme** qui sont ainsi dénoncés, et son incessante résurgence, comme si les hommes ne pouvaient, quoi qu'ils fassent, tirer une leçon de leurs expériences et renoncer à leurs préjugés.

Les thèmes philosophiques

• À ces thèmes traditionnels pour lui, Voltaire associe une réflexion philosophique qui témoigne d'un net infléchissement de sa pensée, en même temps que d'un approfondissement de celle-ci sur des sujets essentiels.

• Le conte prend sa source, comme l'indique le sous-titre, dans la critique de la doctrine de l'**optimisme**. Celle-ci, dérivée des théories de Leibniz diffusées par son disciple Wolff, a certainement eu la faveur de Voltaire quelques années auparavant (voir Contextes, p. 6). Mais les aléas de sa vie, comme les événements dont il est le témoin, le conduisent à remettre en cause cette vision du monde. Le docteur Pangloss, son représentant caricatural, est ridiculisé et contredit en permanence par les calamités qui adviennent dans le cours du récit. On peut alors lire le conte comme une autodérision, ou du moins une **autocritique** qui fait justice à une forme de naïveté, de « candeur » dont l'écrivain a fait preuve dans son existence passée.

• Plus précisément, c'est la **question du Mal**, de sa nature, de son origine, de sa signification que soulèvent les aventures du héros. Confronté à l'omniprésence des manifestations du mal, à son caractère protéiforme, Candide ne peut que constater l'impuissance de l'homme à en rendre compte et la nécessité corrélative d'en prendre conscience pour tenter de s'en protéger, à défaut de pouvoir l'éradiquer. Marqué par des événements récents, biographiques (comme ses déboires avec Frédéric II de Prusse), ou historiques (séisme de Lisbonne, guerre de Sept Ans), il est gagné momentanément par le doute.

• Ce constat s'accompagne d'une interrogation sur la réalité d'une signification déchiffrable du monde. Face à l'incohérence des aventures de Candide, le lecteur peut **douter du sens de l'existence humaine**. À sa manière, le héros, ballotté par les hasards de la vie, jeté malgré lui dans une accumulation de tourments dont la raison d'être le dépasse, fait l'expérience de l'**absurdité**, au moins apparente, de sa condition. Le motif du voyage que Voltaire a utilisé dans certains contes comme *Micromégas* par exemple, pour symboliser les étapes d'un cheminement vers la connaissance, se mue ici en celui d'une **errance**, dont le but apparaît plus qu'incertain. Le parcours de Candide n'est pas celui d'un homme qui s'avance progressivement vers un savoir, mais plutôt celui d'une victime obligée de fuir l'adversité. Le savoir qu'il acquiert est alors moins une somme de connaissances qu'une accumulation d'échecs qui le conduisent à une forme de résignation modeste, résumée par la formule retenue par le héros comme la « morale » de son périple.

Une quête du bonheur

• *Candide* est placé dès le début sous le signe de la **recherche du bonheur**. Du château de son enfance assimilé au paradis terrestre, à l'Eldorado, pays du bonheur mythifié, et au jardin final, Candide est confronté à la question du bonheur sur la terre, sa possibilité, sa forme, ses limites. Ce périple met en situation plusieurs représentations de cet état dont le XVIIIe siècle fait une question « neuve », selon le mot du révolutionnaire Saint-Just, lui-même disciple de la pensée des Lumières.

• Voltaire se sépare d'emblée de l'image d'un bonheur idyllique et illusoire, celui que vit le jeune Candide dans un **pseudo-paradis** vite balayé par les circonstances. Parvenu en Eldorado, celui-ci approche une représentation plus adéquate du bonheur, fondée sur le désintéressement à l'égard des fausses richesses, l'isolement du monde, la culture de la science et la concorde sociale. Mais elle est encore vécue sur le mode de l'utopie, fruit d'une société idéale, mais irréelle. C'est seulement à la fin du récit que Candide et ses amis échappent à l'ennui et à l'oisiveté en découvrant que la condition humaine n'est supportable que dans le **travail**, qui répand autour de lui l'aisance et la prospérité mesurée, loin des biens trompeurs (la naissance, l'or, le pouvoir) : un bonheur conquis et non donné, qui nécessite effort et conscience des limites. Tout n'est pas pour le mieux dans le meilleur des mondes, mais la vie y est acceptable, sans garantie.

● La thématique de Candide se présente donc comme une synthèse de l'œuvre voltairienne, expression à la fois de la permanence et du renouvellement d'une pensée sans cesse en mouvement, autour d'interrogations sur la place de l'homme dans le monde propres à la période des Lumières.

Retour au texte

1 • En vous aidant d'un planisphère, reconstituez l'itinéraire de Candide. Faites la même recherche pour le récit de la vieille (chapitres XI et XII). Quelles observations pouvez-vous faire ?

2 • Selon vous, qu'a souhaité montrer Voltaire à travers ces deux itinéraires ?

Interprétations

Pourquoi Candide voyage-t-il ?

3 • Quelles raisons poussent Candide à voyager sans cesse ? Comment peut-on qualifier son périple ?

4 • Répertoriez ses différents compagnons de voyage. Quelles fonctions remplissent-ils ?

De quel voyage s'agit-il ?

5 • Selon vous, les aventures de Candide ont-elles un fil conducteur et, si oui, lequel ? Partagez-vous l'avis de Bronislaw Baczko (texte 1, p. 149) sur ce sujet ?

6 • Dans les contrées qu'il a traversées, Candide découvre-t-il des choses différentes ? Pourrait-il faire les mêmes expériences sans voyager ? Vous pourrez vous appuyer sur le texte 2 (p. 150) pour justifier votre réponse.

Candide : un récit d'apprentissage ?

7 • Le personnage de Candide se transforme-t-il au fil du conte ? À quel(s) moment(s) ?

8 • Candide apprend-il quelque chose au cours de son voyage ? Si oui, quand et comment ?

Et vous ?

Recherche et exposé

Effectuez une recherche sur l'*Odyssée* d'Homère et récapitulez les principales étapes du voyage d'Ulysse. *Candide* en est-il une réécriture ? Vous comparerez les deux voyages. Indiquez leur rôle pour chacune des œuvres.

Texte 1 • Bronislaw Baczko, *Job mon ami : promesses du bonheur et fatalité du Mal* (1997)

En choisissant de réduire le conte à sa trame, le critique met en évidence l'absurdité du monde représenté dans Candide *et indique quelques moyens stylistiques utilisés par Voltaire pour obtenir ce résultat.*

Pour prendre la mesure de l'absurde cruauté de ce monde représenté, il suffit de tenter de réduire *Candide* à l'anecdote qui constitue sa trame. Quel cauchemar que l'histoire de la belle Cunégonde violée par les Bulgares qui avaient tué son père et coupé en morceaux sa mère ; quelle horreur que les aventures de Pangloss qui n'est redevable de sa vie qu'à un bourreau de l'Inquisition qui l'a mal pendu et se retrouve misérable forçat sur une galère turque. *Candide* est une succession de tableaux horribles : corps dégradés et âmes humiliées, guerres insensées et sinistres naturels, massacres et épidémies, fanatisme et rapine[1]. La poétique[2] du conte est au service de cette représentation du monde comme dépourvu de sens. Les conjonctions supprimées, la succession de phrases contrastées fait voler en morceaux le monde représenté et le réduit à un enchaînement confus d'événements derrière lesquels ne se laisse déceler aucune logique, pas même celle d'une fatalité. L'homme n'y est jamais maître de ses actions : les effets sont imprévisibles et se retournent contre leurs auteurs.

1. Vol.
2. Règles d'écriture.

Texte 2 • André Magnan, *Voltaire*, Candide ou l'Optimisme (1987)

André Magnan analyse la fonction du voyage dans Candide, *en s'appuyant sur les propos des personnages. Il met en évidence certaines particularités de ce thème, qui recoupe notamment l'histoire de la vieille, l'épisode de l'Eldorado, la phrase du derviche dans le dernier chapitre. On se reportera également sur ce sujet à l'image IV du Dossier central.*

Les personnages, à eux tous, font le tour du monde, et même plusieurs fois – mais en moins de cent pages, d'où l'effet global d'un marathon sprinté sur place. « Courons », dit l'aventurier Cacambo. « Galopons », « Fuyez », « Tournons », « Suivez-moi », « Menez-moi », « Remenez-moi », « J'y vole », etc. Les cris de marche se neutralisent. « Il est certain qu'il faut voyager », glose sentencieusement Candide. Mais à l'appétit de « choses nouvelles » répond le paradoxe de Martin : « J'ai tant vu de choses extraordinaires, qu'il n'y a plus rien d'extraordinaire. » À quoi sert de voyager, si c'est pour trouver partout des hommes-loups, des hommes-ours, des hommes-éperviers, des hommes-tigres ? Dans la logique d'un nivellement des non-valeurs, tout est « déjà vu » ou « trop vu » : Cunégonde subit ce que la Vieille avait subi, Candide retrouve Paris tel que Martin l'avait laissé, et leur supplément de voyage ne vaut rien à Paquette et à Giroflée. Même Cacambo doit constater que les deux hémisphères se valent. Sans conclure avec Martin que l'on est « également mal partout », Candide avoue enfin : « Il y a horriblement de mal sur la Terre ». « Il y a pourtant du bon », pourrait-il ajouter aussi banalement – l'Eldorado, peut-être, dont Martin même admet l'exception, mais comment y rentrer après l'avoir quitté pour « courir » ? Voyage immobile, en somme, comme celui de la « souris » dans la cale d'un « vaisseau » : simple traversée, inerte et trépidante, de l'agitation du monde.

Lecture transversale 2 — Le mal sur Terre : à qui la faute ?

Retour au texte

1 • Relevez, dans le conte, quelques-unes des phrases clés de Pangloss et de Martin ayant trait à la question du Bien et du mal. Que constatez-vous à propos des responsabilités en jeu ?

2 • Expliquez la phrase du derviche au chapitre XXX : « Qu'importe, dit le derviche, qu'il y ait du mal ou du bien ? Quand Sa Hautesse envoie un vaisseau en Égypte, s'embarrasse-t-elle de savoir si les souris qui sont dans le vaisseau sont à l'aise ou non ? » (l. 84 à 87).

Interprétations

De quels maux souffre l'humanité ?

3 • Relevez et classez les maux qui affectent les personnages de *Candide*. Sont-ils de même origine ? Pourquoi Voltaire les rapproche-t-il ?

4 • En vous appuyant sur les textes du dossier (p. 152-153), peut-on dire qu'il s'agit de maux ou du mal en général ? Quelle différence peut-on faire entre ces deux appellations ?

Qui en est responsable ?

5 • Qui sont les responsables des événements narrés dans le conte ? Quelles sont leurs motivations ?

6 • D'autres responsabilités sont-elles envisagées, implicitement ou explicitement ? Lesquelles ?

7 • À quelles conclusions aboutissent les personnages dans leur réflexion sur le bien et le mal ?

L'homme peut-il les combattre ?

8 • Quelle position philosophique Candide adopte-t-il finalement face à ces questions ?

9 • Cette position permet-elle de combattre les maux qui affectent l'humanité ? Dans quelle mesure ?

Texte 1 • Grimm, *La Correspondance littéraire* (1756)

Cet article, paru dans La Correspondance littéraire, *un périodique de l'époque, est attribué à Grimm, mais a sans doute été influencé par Diderot, son ami et correspondant. L'auteur réfute l'argumentation de Voltaire, en distinguant les notions de bien et de mal, et celles de bonheur et de malheur.*

Quand Leibniz et milord Shaftesbury[1] et leur interprète auprès du peuple, le célèbre Pope[2], me disent : « Tout est bien », je leur demande : « Qu'en savez-vous ? » Il n'y a pas apparence qu'ils me répondent jamais à cette petite question. Mais lorsque M. de Voltaire leur nie ce principe, parce que Lisbonne a été renversée par un tremblement de terre, il est beaucoup moins philosophe qu'eux, en ce qu'il regarde le malheur et la destruction d'un certain nombre d'individus comme un mal dans l'univers. Que savez-vous si c'en est un ? lui dirai-je. Quel est votre orgueil de vous compter pour quelque chose dans l'immensité et d'attaquer l'ordre général sur l'anéantissement de quelques êtres auxquels vous vous intéressez par un retour involontaire sur vous et sur votre faiblesse, parce que vous êtes de leur espèce, ou parce qu'ayant une vie et le sentiment de votre existence comme eux, vous vous sentez exposé aux mêmes dangers ? Je ne suis point orgueilleux, dites-vous, je suis sensible : soit ; il vous est donc permis de dire qu'il y a dans ce monde un bonheur et un malheur relatifs à chaque individu ; mais ne dites point que ce bonheur ou ce malheur soit un bien ou un mal dans l'univers ; puisque vous n'en savez rien, et qu'il paraît même absolument indifférent pour chaque espèce d'êtres. Pour peu qu'on réfléchisse, on trouvera ici la source de tous les paralogismes[3] sur la fameuse question de l'origine du mal.

1. Philosophe anglais (1671-1713) selon qui toutes choses s'inscrivent dans un ordre canonique harmonieux.
2. Poète et philosophe anglais (1688-1744), partisan du « Tout est bien ».
3. Raisonnements faux.

Texte 2 • Roland Barthes, *Le Dernier des écrivains heureux* (1964)

Roland Barthes montre comment la philosophie de Voltaire peut disculper Dieu de la responsabilité du mal sur Terre, en postulant qu'il a créé un univers mathématique et physique dont il a décidé les lois, pour ensuite se retirer et se refuser à toute intervention. Le bonheur et le malheur des hommes ne sont alors plus que des conséquences inévitables de sa création. Dieu ne punit ni ne récompense, il est seulement l'horloger indifférent de cette mécanique.

On connaît sa pensée : Dieu a créé le monde comme un géomètre, non comme un père. C'est-à-dire qu'il ne se mêle pas d'accompagner sa création, et qu'une fois réglé, le monde n'entretient plus de rapports avec Dieu. Une intelligence originelle a établi une fois pour toutes un certain type de causalité : il n'y a jamais d'effets sans causes, d'objets sans fins, le rapport des uns et des autres est immuable. La métaphysique voltairienne n'est donc jamais qu'une introduction à la physique, et la Providence une mécanique. Car Dieu retiré du monde qu'il a créé (comme l'horloger de son horloge), ni Dieu ni l'homme ne peuvent plus bouger. Certes le Bien et le Mal existent ; mais entendez le bonheur et le malheur, non la faute ou l'innocence ; car l'un et l'autre ne sont que les éléments d'une causalité universelle ; ils ont une nécessité, mais cette nécessité est mécanique, et non morale : le Mal ne punit pas, le Bien ne récompense pas : ils ne signifient pas que Dieu est, qu'il surveille, mais qu'il a été, qu'il a créé.

Si donc l'homme s'avise de courir du Mal au Bien par un mouvement moral, c'est à l'ordre universel des causes et des effets qu'il attente ; il ne peut produire par ce mouvement qu'un désordre bouffon.

Essais critiques, © Éditions du Seuil, coll. « Points Essais », 1981.

Comment représenter les personnages de *Candide* ?

▶ Dossier central images en couleurs

Retour aux images

1 • Identifiez à quels genres appartient chacune des illustrations de *Candide* proposées dans ce dossier.

2 • Quels sont les éléments constitutifs de l'image I ?

3 • Quels sont les épisodes figurés dans l'image II ? Comment l'illustrateur transpose-t-il le texte de Voltaire ?

4 • Quels sont, selon vous, les personnages du conte représentés dans l'image III ?

5 • Quelles sont les personnalités politiques contemporaines représentées dans l'image IV ?

Interprétations

Des personnages caricaturaux

6 • Étudiez la manière dont sont représentés les personnages dans ces illustrations (apparence physique, vêtements, attitudes…).
Quels sont leurs points communs et leurs différences ? Quel est l'effet produit ?

7 • Ces représentations vous semblent-elles conformes à l'esprit de l'œuvre ? Justifiez votre réponse.

Entre humour et satire

8 • Quelle tonalité se dégage de l'image I ?

9 • Commentez les transpositions des images II et III dans un registre moderne. Ce parti pris vous semble-t-il justifié ?

10 • En vous appuyant sur votre réponse à la question 5, indiquez à quelles situations de *Candide* peut faire référence l'image IV. Commentez cette transposition.

Et vous ?

Expression écrite

En vous aidant du dossier et d'autres illustrations que vous pourrez découvrir, vous expliquerez pourquoi, selon vous, *Candide* a engendré d'aussi nombreuses adaptations.

I

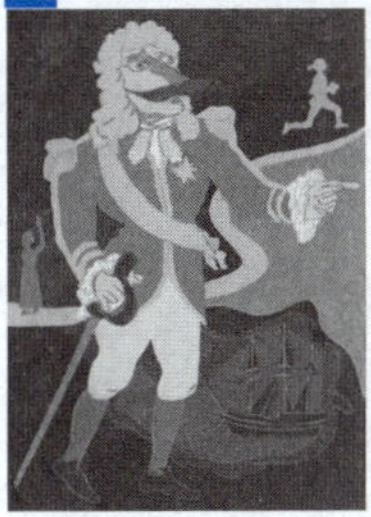

II

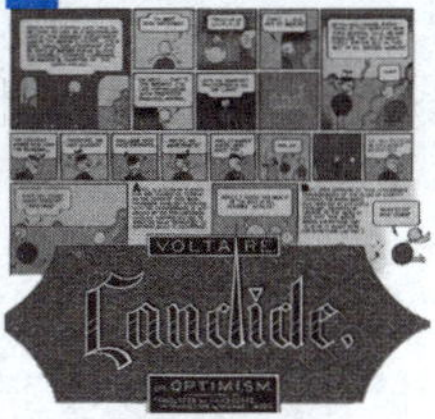

III

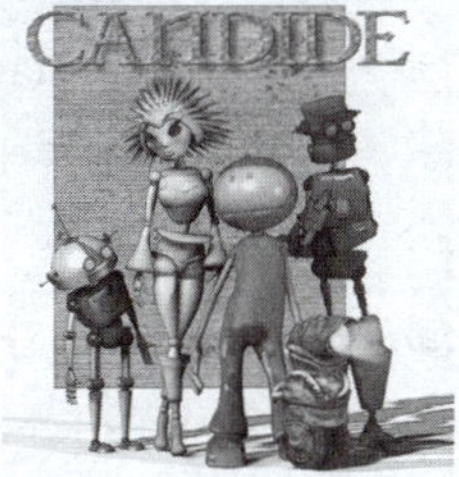

IV

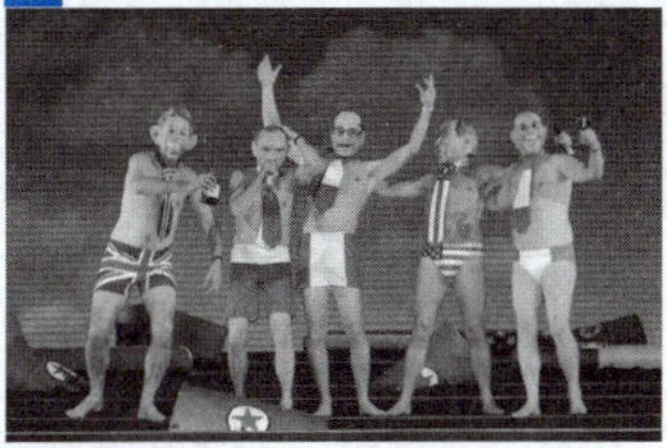

I *Le Gouverneur de Buenos Aires*, collage de Hugh Bulley pour le chapitre XIII de *Candide*, 2006.

Destinée à illustrer une récente édition de *Candide* de la Fondation Voltaire, cette planche est insérée à la hauteur du chapitre XIII, alors que Candide et ses compagnons sont en route vers le Nouveau Monde.

II Couverture de *Candide*, illustrée par Chris Ware, Penguin Classic, 2005.

Cette illustration est la page de couverture d'une récente traduction anglaise de *Candide*. Elle est l'œuvre du dessinateur Chris Ware, qui a choisi de représenter plusieurs épisodes du conte sous la forme d'une bande dessinée.

III *Candide, Cacambo, Cunégonde et Pangloss*, illustration de Sean Martin pour *Candide*, 2007.

Candide s'inspire de récits où l'auteur imagine des mondes différents du nôtre, mais en relation avec lui. Dans cette illustration, le recours à des robots pour représenter les personnages prolonge le dialogue amorcé entre le réel et l'imaginaire.

IV *Candide*, opéra de Leonard Bernstein, mise en scène de Robert Carsen, Théâtre du Châtelet, Paris, 2006.

Le compositeur et chef d'orchestre américain Leonard Bernstein, auteur du fameux *West Side Story*, a adapté *Candide* dans un spectacle musical, en transposant l'œuvre dans l'Amérique des années 50.

Vers l'écrit du bac

Le bonheur en littérature

▸ **Objet d'étude : La question de l'Homme dans les genres de l'argumentation du XVIe à nos jours**

Corpus complémentaire

Texte A – Abbé Prévost, *Manon Lescaut* (1731)

Vous avez donc vu Manon, lui répondis-je en soupirant. Hélas ! vous êtes plus heureux que moi, qui suis condamné à ne la revoir jamais. Il me fit des reproches de ce soupir qui marquait encore de la faiblesse pour elle. Il me flatta si adroitement sur la bonté de mon caractère et sur mes inclinations, qu'il me fit naître dès cette première visite, une forte envie de renoncer comme lui à tous les plaisirs du siècle pour entrer dans l'état ecclésiastique.

Je goûtai tellement cette idée que, lorsque je me trouvai seul, je ne m'occupai plus d'autre chose. Je me rappelai les discours de M. l'Évêque d'Amiens, qui m'avait donné le même conseil, et les présages heureux qu'il avait formés en ma faveur, s'il m'arrivait d'embrasser ce parti. La piété se mêla aussi dans mes considérations. Je mènerai une vie sage et chrétienne, disais-je ; je m'occuperai de l'étude et de la religion, qui ne me permettront point de penser aux dangereux plaisirs de l'amour. Je mépriserai ce que le commun des hommes admire ; et comme je sens assez que mon cœur ne désirera que ce qu'il estime, j'aurai aussi peu d'inquiétudes que de désirs. Je formai là-dessus, d'avance, un système de vie paisible et solitaire. J'y faisais entrer une maison écartée, avec un petit bois et un ruisseau d'eau douce au bout du jardin, une bibliothèque composée de livres choisis, un petit nombre d'amis vertueux et de bon sens, une table propre, mais frugale et modérée. J'y joignais un commerce de lettres avec un ami qui ferait son séjour à Paris, et qui m'informerait des nouvelles publiques, moins pour satisfaire ma curiosité que pour me faire un divertissement des folles agitations des hommes. Ne serai-je pas heureux ? ajoutais-je ; toutes mes prétentions ne seront-elles point remplies ? Il est certain que ce projet flattait extrêmement mes inclinations. Mais, à la fin d'un si sage arrangement, je sentais que mon cœur attendait encore quelque chose, et que, pour n'avoir rien à désirer dans la plus charmante solitude, il y fallait être avec Manon.

Texte B – J.-J. Rousseau, *Rêveries du promeneur solitaire* (1776-1778), Cinquième rêverie

Tout est dans un flux continuel sur la terre : rien n'y garde une forme constante et arrêtée, et nos affections qui s'attachent aux choses extérieures passent et changent nécessairement comme elles. Toujours en avant ou en arrière de nous, elles rappellent le passé qui n'est plus ou préviennent l'avenir qui souvent ne doit point être : il n'y a rien là de solide à quoi le cœur se puisse attacher. Aussi n'a-t-on guère ici-bas que du plaisir qui passe ; pour le bonheur qui dure je doute qu'il y soit connu. À peine est-il dans nos plus vives jouissances un instant où le cœur puisse véritablement nous dire : Je voudrais que cet instant durât toujours ; et comment peut-on appeler bonheur un état fugitif qui nous laisse encore le cœur inquiet et vide, qui nous fait regretter quelque chose avant, ou désirer encore quelque chose après ?

Mais s'il est un état où l'âme trouve une assiette assez solide pour s'y reposer tout entière et rassembler là tout son être, sans avoir besoin de rappeler le passé ni d'enjamber sur l'avenir ; où le temps ne soit rien pour elle, où le présent dure toujours sans néanmoins marquer sa durée et sans aucune trace de succession, sans aucun autre sentiment de privation ni de jouissance, de plaisir ni de peine, de désir ni de crainte que celui seul de notre existence, et que ce sentiment seul puisse la remplir tout entière ; tant que cet état dure celui qui s'y trouve peut s'appeler heureux, non d'un bonheur imparfait, pauvre et relatif tel que celui qu'on trouve dans les plaisirs de la vie, mais d'un bonheur suffisant, parfait et plein, qui ne laisse dans l'âme aucun vide qu'elle sente le besoin de remplir. Tel est l'état où je me suis trouvé souvent à l'île de Saint-Pierre dans mes rêveries solitaires, soit couché dans mon bateau que je laissais dériver au gré de l'eau, soit assis sur les rives du lac agité, soit ailleurs au bord d'une belle rivière ou d'un ruisseau murmurant sur le gravier.

Texte C – Madame du Châtelet, *Discours sur le bonheur* (1779, publication posthume)

II faut commencer par se bien dire à soi-même et par se bien convaincre que nous n'avons rien à faire dans ce monde qu'à nous y procurer des sensations et des sentiments agréables. Les moralistes qui disent aux hommes : réprimez vos passions, et maîtrisez vos désirs si vous voulez être heureux, ne connaissent pas le chemin du bonheur. On n'est heureux que par des goûts et des passions satisfaites ; je dis des goûts, parce qu'on n'est pas toujours assez heureux pour avoir des passions, et qu'au défaut des passions, il faut bien se contenter des goûts. Ce serait donc des passions qu'il faudrait demander à Dieu, si on osait lui demander quelque chose, et Le Nôtre avait grande raison de demander au pape des tentations au lieu d'indulgences.

Mais, me dira-t-on, les passions ne font-elles pas plus de malheureux que d'heureux ? Je n'ai pas la balance nécessaire pour peser en général le bien et le mal qu'elles ont faits aux hommes ; mais il faut remarquer que les malheureux sont connus parce qu'ils ont besoin des autres, qu'ils aiment à raconter leurs malheurs, qu'ils y cherchent des remèdes et du soulagement. Les gens heureux ne cherchent rien, et ne vont point avertir les autres de leur bonheur ; les malheureux sont intéressants, les gens heureux sont inconnus. Voilà pourquoi lorsque deux amants sont raccommodés, lorsque leur jalousie est finie, lorsque les obstacles qui les séparaient sont surmontés, ils ne sont plus propres au théâtre ; la pièce est finie pour les spectateurs, et la scène de Renaud et d'Armide[1] n'intéresserait pas autant qu'elle fait, si le spectateur ne s'attendait pas que l'amour

1. Personnages de *La Jérusalem délivrée*, de l'auteur Le Tasse (1544-1595).

de Renaud est l'effet d'un enchantement qui doit se dissiper, et que la passion qu'Armide fait voir dans cette scène rendra son malheur plus intéressant.

On connaît donc bien plus l'amour par les malheurs qu'il cause, que par le bonheur souvent obscur qu'il répand sur la vie des hommes. Mais supposons, pour un moment, que les passions fassent plus de malheureux que d'heureux, je dis qu'elles seraient encore à désirer, parce que c'est la condition sans laquelle on ne peut avoir de grands plaisirs ; or, ce n'est la peine de vivre que pour avoir des sensations et des sentiments agréables ; et plus les sentiments agréables sont vifs, plus on est heureux. Il est donc à désirer d'être susceptible de passions, et je le répète encore : n'en a pas qui veut.

Sujet de bac

Question *(4 pts)*

Selon quelles relations raison et passion participent-elles à la définition du bonheur dans les textes du corpus ?

Travaux d'écriture *(16 pts)*

- **Commentaire :**
  Vous commenterez le texte A de l'Abbé Prévost, extrait de *Manon Lescaut*.
- **Dissertation :**
  En vous appuyant sur les textes du corpus et sur vos lectures, vous répondrez à la question suivante : le bonheur est-il un thème intéressant en littérature ?
- **Écriture d'invention :**
  « Le malheureux sont intéressants, les gens heureux sont inconnus ». Vous développez librement votre point de vue sur cette pensée de Madame du Châtelet, en l'illustrant d'exemples précis.

Voltaire, un homme cruel ? Cette image, née du vivant de l'auteur, n'a pas cessé de le poursuivre, et *Candide* a contribué à asseoir cette réputation. Certes, Voltaire n'exprime dans le conte ni compassion ni pitié. Il peut sembler prendre un malin (et malsain) plaisir à plonger ses personnages dans les situations les plus absurdes et les plus intolérables. Son rire désillusionné trouve pourtant un écho dans notre univers privé de sens.

Le jugement de Mme de Staël, sans appel, montre bien la mutation qui s'opère dans les mentalités avec l'émergence du romantisme, au début du XIXe siècle. Pourtant, la réaction émotionnelle aux malheurs des hommes n'est sans doute pas la plus efficace ; pire, elle dissimule peut-être les véritables problèmes et leurs solutions, que l'ironie voltairienne permet de dégager sans céder à la fausse bonne conscience.

1 • Quels reproches Mme de Staël (texte 1, p. 161) adresse-t-elle à *Candide* ? Vous semblent-ils justifiés ?

2 • Quelle réponse Jean Orieux (texte 2, p. 162) fait-il à Mme de Staël ? Quelles différences de conception se dégagent de ce dialogue ?

3 • Quelle perspective ouvre le texte de Jacques Van den Heuvel (texte 3, p. 163) pour dépasser le dilemme entre les deux jugements précédents ?

4 • À la lumière de ces différents jugements et de votre propre lecture, pensez-vous que, dans *Candide*, Voltaire a pitié des malheurs de l'humanité, ou qu'il prend au contraire plaisir à s'en moquer ? Rédigez un paragraphe de réponse personnelle.

Texte 1 • Mme de Staël, *De l'Allemagne* (1802)

Mme de Staël, femme de lettres de la fin du XVIIIe siècle et du début du XIXe siècle, a joué un rôle essentiel dans la connaissance de la culture allemande à son époque, contribuant aussi à la naissance du romantisme en France. Son jugement sur Candide *est un exemple des résistances à la philosophie de Voltaire, au nom d'une sensibilité nouvelle qui lui reproche son manque d'humanité.*

Voltaire sentait si bien l'influence que les systèmes métaphysiques exercent sur la tendance générale des esprits, que c'est pour combattre Leibniz qu'il a composé *Candide*. Il prit une humeur[1] singulière contre les causes finales, l'optimisme, le libre arbitre, enfin contre toutes les opinions philosophiques qui relèvent la dignité de l'homme, et il fit *Candide,* cet ouvrage d'une gaieté infernale, car il semble écrit par un être d'une autre nature que nous, indifférent à notre sort, content de nos souffrances et riant comme un démon, ou comme un singe, des misères de cette espèce humaine avec laquelle il n'a rien de commun. Le plus grand poète du siècle, l'auteur d'*Alzire,* de *Tancrède,* de *Mérope,* de *Zaïre* et de *Brutus*[2], méconnut dans cet écrit toutes les grandeurs morales qu'il avait si dignement célébrées.

Quand Voltaire, comme auteur tragique, sentait et pensait dans le rôle d'un autre, il était admirable ; mais quand il reste dans le sien propre, il est persifleur et cynique. La même mobilité qui lui faisait prendre le caractère des personnages qu'il voulait peindre ne lui a que trop bien inspiré le langage qui dans de certains moments convenait à celui de Voltaire.

Candide met en action cette philosophie moqueuse si indulgente en apparence, si féroce en réalité ; il présente la nature humaine sous le plus déplorable aspect, et nous offre pour toute consolation le rire sardonique qui nous affranchit de la pitié envers les autres, en nous y faisant renoncer pour nous-mêmes.

C'est en conséquence de ce système que Voltaire a pour but, dans son *Histoire universelle*, d'attribuer les actions vertueuses, comme les grands crimes, à des événements fortuits qui ôtent aux unes tout leur mérite et tout leur tort aux autres.

1. Colère, attitude négative.
2. Titres de tragédies de Voltaire, très appréciées au XVIIIe siècle.

Texte 2 • Jean Orieux, *Voltaire* (1999)

Jean Orieux, biographe de Voltaire, replace Candide *dans le contexte du XVIIIe siècle, juste avant la Révolution. Évoquant le texte de Mme de Staël* *(p. 161)**, il ironise sur les motivations romantiques de cette dernière, auxquelles il oppose l'idée d'un rire salvateur qui conjure le désespoir, celui d'un monde qui va disparaître avec la Révolution, et où prévalait la légèreté du ton.*

Ce conte est une œuvre d'un désespoir presque insondable. Presque, seulement, parce que s'il l'était totalement, il serait excessif, contraire à la bienséance, au bon goût et à l'humanité, qui se doit d'être mesurée en tout même en son désespoir. S'il était excessif, il serait faux. Or, *Candide* sonne juste comme le cristal. Il permet de sourire, et l'humanité se sauve par-là du désespoir. Tout est faible en l'homme, tout est fragile, il est la victime de divinités ou de fatalités sanguinaires, il peut cependant les railler car elles sont stupides. Pour l'homme, ce jeu est cruel, mais il n'est déshonorant que pour les fatalités imbéciles. Comme ce livre limpide fut mal compris ! Au XIXe siècle, Mme de Staël entre autres y a vu un éclat de rire infernal ! Bien sûr, pour elle, un livre désespéré sur le tragique destin de l'homme ne pouvait être conçu qu'au sein des orages, parmi les spectres, par un barde échevelé, livide et rugissant dont la harpe désaccordée faisait entendre les plaintes déchirantes que lui arrachait la tempête. Beaucoup de tapage dans le vent...

Candide, c'est la grâce de l'esprit, l'insurpassable chef-d'œuvre, non seulement d'un homme, mais d'une langue déjà millénaire qui atteint son apogée, et, l'espace de quelques pages, respire avant de descendre. C'est aussi l'insurpassable perfection d'une frivolité suprême, celle qui naît en l'homme qui a tout compris de sa misère et qui a surtout compris qu'il ne la surmonte que par sa légèreté.

Texte 3 • Jacques Van den Heuvel, *Voltaire dans ses contes, de* Micromégas *à* L'Ingénu (1982)

Jacques Van den Heuvel voit en Voltaire un auteur qui, en poussant les souffrances des hommes aux limites du supportable, cherche à montrer une certaine vérité de la condition humaine.

Voltaire, bannissant toute complaisance romantique, refuse à ses « héros » l'élégante ressource de disparaître dans une mort qui serait noble en face des compromissions de l'existence. Tant bien que mal, avec l'aide d'eau spiritueuse, d'onguents, de pommades, de baumes, les plaies se referment ; on se restaure, on se refait, et l'on reprend sa course. *Candide* est placé sous le signe de la chirurgie et de la cicatrisation.

À quelle exigence répond chez Voltaire cette manière sadique de conserver en même temps qu'il les dégrade ses personnages ? Est-ce de sa part l'attitude du bourreau qui pour continuer ses tortures est bien forcé d'économiser ses victimes ? On a toujours remarqué cette caractéristique de Voltaire dans *Candide,* sa « gaîté infernale » (Mme de Staël), son « fond méchant » (Stendhal), son « rire plus grimaçant qu'ailleurs » (Gide). Mais ce côté sadique et presque satanique de l'œuvre n'est que le masque d'une authentique recherche. L'ironie exaspérée et le burlesque sont le moyen par lequel peut s'engendrer la vérité. Il faut que les personnages subsistent pour témoigner d'un certain degré de l'existence humaine où les illusions ont été grattées jusqu'à l'os. […]

On assiste dans *Candide* à une entreprise sans précédent dans l'œuvre de Voltaire : une totale démystification de l'homme confronté à lui-même dans la nudité de son destin et arraché à toutes les fausses consolations. […]

Voltaire a défiguré ses personnages, parce qu'il recherche le vrai visage de l'homme.

Question d'actualité

Quel regard portons-nous sur les catastrophes naturelles ?

Le tremblement de terre de Lisbonne évoqué au début de *Candide* a suscité à l'époque un très grand nombre de réactions parmi les écrivains et penseurs. Voltaire et Rousseau, mais aussi Goethe, Diderot ou Kant, ont ainsi écrit ce que leur inspirait cette catastrophe. Une prise de conscience se forme alors, s'accompagnant d'interrogations sur le sens de l'événement et sur les leçons que l'homme peut en tirer.

Deux siècles et demi plus tard, le tsunami de 2004 en Indonésie a suscité une semblable réflexion, amplifiée par les moyens modernes de communication. Certains commentateurs n'ont pas manqué d'établir un parallèle entre ces deux moments de réflexion sur les rapports entre l'homme et la nature – avec des divergences marquées –, nous interrogeant ainsi sur le regard que nous portons sur ce type d'événement et, plus globalement, sur l'héritage de la pensée des Lumières.

1 • En vous référant aux textes 1 et 2 (p. 166-167), vous analyserez les points de vue de Voltaire et Rousseau. Quelles sont les différences majeures qui les séparent ?

2 • Quelles sont, selon le texte 3 (p. 168), les deux différences principales entre les réactions de 1755 et celles de 2004 ?

3 • Expliquez pourquoi, selon le texte 4 (p. 170), rien, au contraire, n'a changé.

4 • Comparez les textes 3 et 4 (p. 168 à 171). Sur quels points leurs analyses divergent-elles ?

5 • En vous référant à l'ensemble du dossier et à vos propres convictions, vous rédigerez librement un argumentaire exprimant votre avis sur la manière dont réagit aujourd'hui l'opinion publique lors de grandes catastrophes.

Texte 1 • Voltaire, *Poème sur le désastre de Lisbonne* (1756)

Dans ce poème, composé trois ans avant Candide, *Voltaire s'interroge sur les justifications que l'on peut trouver à cette catastrophe et sur le sens qu'il convient de lui attribuer. Il s'en prend à l'optimisme de Leibniz, dont il souligne le caractère dérisoire, sans pour autant apporter d'autres réponses que cette interrogation et le trouble profond qu'elle exprime.*

Tout est bien, dites-vous, et tout est nécessaire ;
Quoi l'univers entier sans ce gouffre infernal,
Sans engloutir Lisbonne eût-il été plus mal ?
Êtes-vous assurés que la cause éternelle
Qui sait tout, qui fait tout, qui créa tout pour elle,
Ne pouvait nous jeter dans ces tristes climats
Sans former des volcans allumés sous nos pas ?
Je désire humblement sans offenser mon maître,
Que ce gouffre enflammé de soufre et de salpêtre,
Eût pu s'être formé dans le fond des déserts ;
Je respecte mon dieu, mais j'aime l'univers.
Quand l'homme ose gémir d'un fléau si terrible,
Il n'est point orgueilleux, hélas ! Il est sensible.
Qu'on ne présente plus à mon cœur agité
Ces immuables lois de la nécessité ;
Cette chaîne des corps, des esprits, et des mondes.
Ô rêves de savants ! ô chimères profondes !
Si l'éternelle loi qui meut les éléments
Fait tomber les rochers sous les efforts des vents,
Si les chênes touffus, par la foudre s'embrasent,

Ils ne ressentent point le coup qui les écrasent :
Mais je vis, mais je sens, mais mon coeur opprimé,
Demande le bien-être au dieu qui l'a formé.

Texte 2 • Jean-Jacques Rousseau, *Lettre à Voltaire* (1756)

Rousseau est l'un des premiers à répondre à Voltaire. Après avoir montré que rejeter la philosophie de Leibniz est encore pire que l'accepter, il s'attache à souligner la confusion entre les visées de la nature et les intérêts de l'homme, pourtant sans rapport, à l'origine du raisonnement voltairien.

Je ne vois pas qu'on puisse chercher la source du mal moral ailleurs que dans l'homme libre, perfectionné, partant corrompu ; et quant aux maux physiques, si la nature sensible et impassible est une contradiction, comme il me le semble, ils sont inévitables dans tout système dont l'homme fait partie ; et alors la question n'est point, pourquoi l'homme n'est pas parfaitement heureux, mais pourquoi il existe ? De plus, je crois avoir montré qu'excepté la mort, qui n'est presque un mal que par les préparatifs dont on la fait précéder, la plupart de nos maux physiques sont encore notre ouvrage. Sans quitter votre sujet de Lisbonne, convenez, par exemple, que la nature n'avait point rassemblé là vingt mille maisons de six à sept étages, et que si les habitants de cette grande ville eussent été dispersés plus également, et plus légèrement logés, le dégât eût été beaucoup moindre, et peut être nul ! Tout eût fui au premier ébranlement, et on les eût vus le lendemain à vingt lieues de là, tout aussi gais que s'il n'était rien arrivé ; mais il faut rester, s'opiniâtrer autour des mazures, s'exposer à de nouvelles secousses, parce que ce qu'on laisse vaut mieux que ce qu'on peut emporter. Combien de malheureux ont péri dans ce désastre, pour vouloir prendre, l'un ses habits, l'autre ses papiers, l'autre son argent ? Ne sait-on pas que la personne de chaque homme est devenue la moindre partie de lui-même, et que ce n'est presque pas la peine de la sauver quand on a perdu tout le reste ?

Vous auriez voulu (et qui n'eût pas voulu de même ?) que le tremblement se fût fait au fond d'un désert plutôt qu'à Lisbonne. Peut-on douter qu'il ne s'en forme aussi dans les déserts ? Mais nous n'en parlons point, parce qu'ils ne font aucun mal aux Messieurs des Villes, les seuls hommes dont nous tenions compte : ils en font peu même aux animaux et aux Sauvages qui habitent épars dans des lieux retirés et qui ne craignent, ni la chute des toits, ni l'embrasement des maisons. Mais que signifierait un pareil privilège ? Serait-ce donc à dire que l'ordre du monde doit changer selon nos caprices, que la nature doit être soumise à nos lois, et que pour lui interdire un tremblement de terre en quelque lieu, nous n'avons qu'à y bâtir une Ville ?

Texte 3 • Michel Serres, *Petites chroniques du dimanche soir* (2006)

Dans cet entretien radiophonique, le philosophe Michel Serres analyse la transformation de notre regard sur les catastrophes naturelles. Il souligne plus particulièrement l'inversion qui se serait opérée entre l'approche scientifique et l'approche humaine.

Le tremblement de terre, ce tsunami de 1755, à Lisbonne, a été le traumatisme majeur du siècle des Lumières. Je vais donc répondre à votre question : « Qu'y a-t-il de nouveau ? » À cette époque, il y a eu deux réactions. Les écrivains, alors, faisaient l'office des médias. À cette occasion, Voltaire critiqua le célèbre optimisme de Leibniz. Comment peut-on prétendre vivre dans le meilleur des mondes possibles, alors qu'un événement pareil peut y survenir ?

L'optimisme fut alors définitivement ridiculisé. Voilà une première réaction : puisqu'un tel mal survient dans le monde, il devient difficile de croire qu'un Dieu bon l'ait créé.

– *Cette fin du monde est programmée.*

– La deuxième réaction, plus intéressante encore, parce qu'active, fut de dire : « Plus jamais ça ! » À force d'étudier les sciences de la terre, d'inventer des techniques efficaces, nous parviendrons à des stratégies si fines et fortes qu'elles pourront nous protéger de tels accidents.

– *Prévoir, peut-être, mais lutter contre… ?*

– Premièrement, plus d'optimisme théorique et béat ; deuxièmement, « Plus jamais ça ! », au travail : optimisme de combat. Voilà vraiment la double réaction du siècle des Lumières au traumatisme de 1755. Du point de vue strictement événementiel, le séisme était à peu près de la même puissance que celui d'aujourd'hui. Comme aujourd'hui, toute la Terre entra, de ces coups, en vibration. Rien de nouveau, pour la physique du globe ; tout, au contraire, voici du nouveau, pour les hommes. Aujourd'hui, ce trauma gigantesque provoque l'inverse de ces deux réactions. L'inversion complète. D'abord, du point de vue scientifique, de la tectonique des plaques, avancée majeure en géophysique, je crois pouvoir dire qu'en l'état de nos connaissances, il est impossible de prévoir le lieu exact, le temps précis et l'intensité calculée d'un séisme. Il y a, certes, ici et là, des systèmes d'alerte, surtout dans les pays riches, mais l'exacte prévision n'est pas, pour le moment, en notre pouvoir. Un jour, peut-être, mais non maintenant […]. Mais la deuxième nouveauté arrivée aujourd'hui inverse aussi la critique voltairienne de l'optimisme. Je suis optimiste : savez-vous pourquoi ? Devant l'intensité du tsunami qui vient de frapper à la fois le monde et nos amis de l'océan Indien vient de se lever une manifestation mondiale de solidarité. Le monde humain répond soudain au monde physique. Le monde humain entier répond à une catastrophe mondiale.

– *Réponse initiée par les médias.*

– Peut-être, mais nous observons aussi, depuis quelque temps, la formation progressive d'une opinion globale, un sentiment croissant de solidarité planétaire, par-delà les cultures, par-delà les politiques, par-delà les États, par-delà les langues et les religions, une conscience que nous sommes tous embarqués sur le même vaisseau.

Entretiens avec Michel Polacco, © Le Pommier.

Texte 4 • Jean-Pierre Dupuy, *Petite métaphysique des tsunamis* (2005)

Selon Jean-Pierre Dupuy, notre regard sur les catastrophes n'aurait pas fondamentalement changé. Soulignant le caractère « rousseauiste » des réactions en France (tout mal est plus ou moins imputable à l'homme), il défend le point de vue de la presse américaine, qu'il juge voltairien : l'homme doit renoncer à son ambition de dominer la nature et apporter des solutions à tous ses maux.

Malgré l'ampleur du désastre en termes de souffrances humaines, je lui trouvai au commencement une certaine innocence. Enfin, me dis-je, voilà une catastrophe purement naturelle, qu'on ne peut soupçonner de recouvrir des turpitudes humaines. Cyclones, ouragans, tempêtes, orages, sécheresses, crues, pluies diluviennes, inondations, avalanches, canicules et coups de froid intense, tout aujourd'hui, qui passait naguère pour manifestation des forces de la nature, semble pouvoir être imputé à l'action irresponsable de l'homme sur cette même nature. Mais un tremblement de terre sous-marin ? Quelle présomption de croire que nous pourrions y être pour quelque chose ! Je dus rapidement déchanter. La cacophonie des commentaires, les marques bavardes, impuissantes et parfois indécentes de compassion, les polémiques, tout semblait pointer une époque en principe révolue, celle qui entoure le tremblement de terre de Lisbonne. De Lisbonne 1755 à Sumatra 2004, tout se passait comme si du mal nous n'avions rien appris.

Le comble fut atteint lorsqu'on me sollicita pour parler des événements d'Asie à la lumière de mes travaux. Au début, je fus bien aise de répondre que je n'avais rien à dire sur le sujet, puisque ma réflexion portait sur les catastrophes dont l'homme, directement ou indirectement, est responsable. Les catastrophes naturelles, quel que soit le tragique de leurs conséquences, n'entrent pas dans le champ de la posture philosophique que j'ai nommée le catastrophisme éclairé. Assez rapidement, je compris que je ne pouvais pas m'en tirer à aussi bon compte. Un étonnant chassé-croisé conceptuel s'opérait sous mes yeux. D'un côté, la méthode du catastrophisme éclairé consiste, je le répète, à traiter la catastrophe future sur le mode d'un destin, d'une fatalité, ne résultant d'aucune intention humaine, mais un destin ou une fatalité que nous restons libres d'écarter. De l'autre, j'observai que les commentaires sur le séisme asiatique tendaient à voir de l'intention humaine partout, jusque dans le tsunami lui-même. Cela [...] fut la réaction de Rousseau au tremblement de terre de Lisbonne. [...]

Je comprends mieux aujourd'hui l'obstacle majeur qui s'oppose à l'attitude que constitue le catastrophisme éclairé : il tient à ce que j'appelais en commençant l'orgueil métaphysique de l'humanité moderne. Tout ce qui fait la finitude[1] de l'homme est rabattu au rang de *problème* que la science, la technique, l'ingéniosité humaine permettront tôt ou tard de résoudre.

1. Caractère limité, fini de la nature humaine.

Rencontre avec

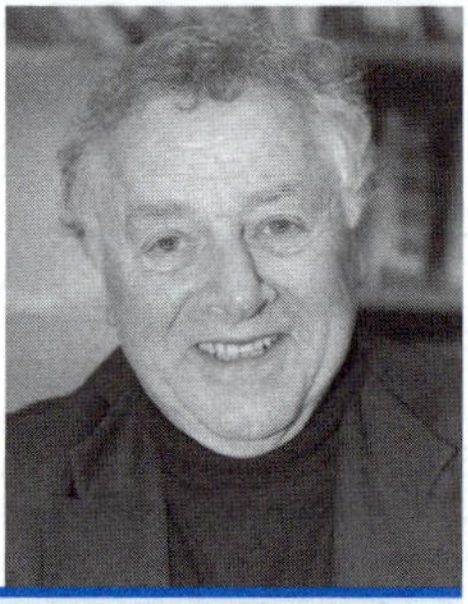

Pierre Milza
historien

Pierre Milza est historien. Il enseigne à l'Institut d'études politiques de Paris. Spécialiste de l'Italie contemporaine et plus précisément du fascisme, il est l'auteur de nombreux ouvrages qui font autorité dans le milieu universitaire.

▶ ***Vous avez publié en 2007 une biographie de Voltaire. Quelles sont les raisons de votre intérêt personnel pour cette figure des Lumières ?***

Voltaire est un personnage véritablement actuel, il est le père des valeurs démocratiques d'aujourd'hui. Sa lutte pour la tolérance a été déterminante et l'actualité de son combat est vivace après un certain nombre d'affaires récentes, comme celles de Salman Rushdie[1] ou Peter Handke[2]...
De plus, la vie de Voltaire est un roman d'aventures, un western ! Il se voit ainsi obligé de seller des chevaux et de partir à toute vitesse hors de Paris pour échapper au souverain en place. Puis il connaît une grande et belle passion avec Émilie du Châtelet, personnage de femme comme on en rencontre peu : savante, intellectuelle, passionnée, amoureuse... Enfin, la guerre de Voltaire contre l'intolérance et contre l'atteinte à la liberté le place dans des situations dangereuses, périlleuses. Voltaire a vécu de manière romanesque et romantique.
Ce sont toutes ces raisons qui m'ont poussé à écrire sa biographie.

▸ ***L'ironie mordante de Voltaire a contribué, notamment au XIXe siècle, à lui faire une réputation de « méchant homme ». Quel regard portez-vous sur ce jugement ?***

Étonnamment, l'image qui reste souvent de Voltaire, surtout après le lycée, est celle d'un personnage à « la froide raison » ; on l'oppose d'ailleurs souvent à Rousseau, qui serait le « cœur ». Mais cette image est complètement fausse : Voltaire est également un homme de cœur ! Il est en conflit avec les institutions du XVIIIe siècle, telles que l'édition – une véritable jungle à l'époque : jungle dans les rapports entre l'écrivain et la censure, les écrivains et le pouvoir, mais aussi les écrivains entre eux.

La légende noire de Voltaire a largement été favorisée par ses adversaires, alors qu'il a surtout été un homme seul luttant contre tous. Il s'est attaqué directement à l'Ancien Régime et a lutté avec ses moyens à lui : l'écriture, l'ironie mordante, afin de défendre ses idées et les hommes injustement condamnés à ses yeux. Il s'est fait ainsi de véritables ennemis comme Fréron, Desfontaines…

Encore aujourd'hui, il est très controversé et a de nombreux adversaires : notamment une partie de l'extrême gauche, qui lui reproche d'être un bourgeois, d'aimer l'argent, de ne pas être radical en politique, d'avoir fait fortune dans le commerce atlantique et donc l'esclavagisme – ce qui est faux – … et les religieux, qui lui reprochent sa virulence à l'égard de la religion.

▸ ***Quelle place occupe Candide dans la vie et la carrière de Voltaire ?***

Candide est incontestablement un tournant dans l'histoire et la métaphysique de Voltaire (tout comme l'était son *Discours sur le tremblement de terre*). Il hésite alors entre un dieu bon et un dieu mauvais et, avec *Candide*, il remet en cause l'optimisme de Leibniz du « tout est pour le mieux ». Cependant, il ne va pas jusqu'à remettre en cause l'existence de Dieu. Pour lui, l'homme ne peut démêler le bien du mal et il ne peut atteindre la connaissance de la nature de Dieu.

Autrement dit, il faut accepter l'inexplicable et faire le bien en cultivant notre jardin.

▸ *Diriez-vous que le jardin final du conte préfigure le domaine de Ferney, acheté par Voltaire l'année même de la publication de* Candide *?*

La fameuse phrase : « Cultivez votre jardin » a souvent été mal comprise. Elle a souvent été interprétée comme du « je-m'en-fichisme » : comme le monde est impossible à déchiffrer, comme nous n'avons pas de prise sur le bien et le mal, nous n'avons qu'à laisser tout cela de côté et cultiver notre jardin... c'est-à-dire, « j'arrose mon petit pot de fleurs et je m'occupe de mon pré carré »...
Or ce n'est pas du tout ça ! Voltaire vient d'acheter la terre de Ferney à soixante ans et il cesse d'être un SDF (il a toujours été hébergé par les grands seigneurs, le roi de Prusse, des roitelets de courettes allemandes...) pour s'installer sur cette grande propriété. Une propriété qu'il va faire prospérer : quinze ou dix-huit familles misérables vont former, dix ans plus tard, un village prospère où l'on cultive de nombreuses choses ! Il y a même une industrie horlogère... « Cultivez votre jardin » signifie donc « faites prospérer, pour le bien de l'humanité, votre jardin ». C'est un Voltaire philanthrope qui se découvre là où on ne l'attendait pas.

▸ *Peut-on dire que* Candide *est une œuvre noire ?*

Candide est pour moi une œuvre de combat et non une œuvre noire. Bien sûr, le *Discours sur le tremblement de terre de Lisbonne* est, à bien des égards, désespéré (mais qu'est-ce que c'est que ce Dieu ? se demande Voltaire), mais son message est tout autre : la grandeur de l'homme repose sur son œuvre, sur ce qu'il construit. *Candide* est une œuvre d'acceptation et non de résignation ; l'homme est là pour faire quelque chose sur terre : essayer de diminuer les malheurs qui pèsent sur l'humanité. L'heure de *Candide* et celle de son installation à Ferney sonnent d'ailleurs également l'heure de ses plus grands combats : les affaires Calas[3] et Sirven[4]...

▸ *Les contes de Voltaire figurent sans doute aujourd'hui parmi les œuvres les plus lues par les lycéens, contrairement à ses pièces de théâtre, pourtant si appréciées à son époque. Pour quelles raisons, selon vous ?*

Il faut savoir que seule une infime partie de l'œuvre de Voltaire est connue du grand public aujourd'hui. Or, à son époque, c'était d'abord un homme de théâtre. Mais il est né avec un pied dans le XVIIe siècle et il n'arrivera jamais à se débarrasser complètement des règles du théâtre classique. Il voulait être à la fois Shakespeare – qu'il avait découvert lors de ses voyages à Londres et qu'il admirait, bien qu'il trouvât qu'il allait « trop loin » – et Racine ! La postérité ne retiendra pas ce théâtre hésitant.

Voltaire comme personnage, écrivain et défenseur des droits de l'homme est donc bien plus connu aujourd'hui que l'homme de théâtre. On retient surtout de lui son utilisation de la langue française, puis son ironie, enfin et surtout l'affaire Calas et son combat pour la tolérance.

Le *Poème de Lisbonne* a ainsi traversé les époques : on pourrait le lire devant les images du tsunami de 2004, il serait toujours d'actualité.

▸ ***Finalement, diriez-vous que Voltaire est le symbole par excellence des Lumières ?***

Pour moi, oui. Il est le symbole de la liberté : la liberté de penser, de parler, et surtout la liberté religieuse.

Voltaire sape la base même de l'union du trône et de l'autel (et donc de l'ancien régime monarchique) dans la mesure où il s'attaque à la religion chrétienne et au fondement même de l'Ancien Régime : le caractère sacré de la monarchie. Attention cependant : il n'est pas contre la monarchie et il n'est pas républicain ; personne ne l'est au XVIIIe siècle. L'idéal de Voltaire est une monarchie modérée sur le modèle anglais, éclairée par les philosophes, respectueuse du droit des individus et des valeurs libérales au sens du XIXe siècle (libéralisme politique).

1. Essayiste et romancier britannique d'origine indienne. La publication de son roman *Les Versets sataniques* en 1988 a déclenché une vive réaction dans le monde islamique en raison de sa description jugée irrévérencieuse du prophète Mahomet et une fatwa réclamant l'exécution de Rushdie a été proclamée.
2. Écrivain autrichien. Son intervention en faveur de la Serbie et sa présence aux funérailles de Slobodan Milošević en mars 2006 ont déclenché une polémique. Cet événement a provoqué en particulier l'annulation, par la Comédie-Française, des représentations de sa pièce, *Voyage au pays sonore ou l'art de la question* en 2007.
3. Le fils du négociant toulousain protestant Jean Calas se pend dans la boutique familiale. Calas dissimule son suicide pour lui éviter des obsèques infamantes. Il est alors accusé d'avoir tué son fils pour l'empêcher de se convertir au catholicisme et exécuté. Voltaire réussit à démontrer l'erreur judiciaire et à le réhabiliter.
4. Pierre-Paul Sirven et son épouse, protestants, sont injustement accusés d'avoir assassiné leur fille afin de l'empêcher de se convertir au catholicisme. Ils sont condamnés, leurs biens confisqués. Voltaire, bouleversé par leur histoire, prend fait et cause pour eux. En 1771, la sentence est réformée et Sirven retrouve tous ses biens. « Il n'a fallu que deux heures pour condamner à mort cette vertueuse famille et il nous a fallu neuf ans pour lui rendre justice. »

Lire

• Voltaire, *Histoire des voyages de Sacramentado,* 1756

Ce récit peut être lu comme une préfiguration de Candide *: le héros accomplit un périple semé d'épreuves, fait l'expérience du mal physique et moral et de l'intolérance religieuse.*

• Voltaire, *La Princesse de Babylone,* 1768

Dans ce conte, Voltaire reprend divers éléments de Candide, *comme le récit de voyage et l'utopie, en conférant un caractère merveilleux plus accentué à l'œuvre.*

• Leonardo Sciascia, *Candido ou un rêve fait en Sicile,* Le Seuil, 1977

Écrivain italien, né en Sicile, Sciascia situe l'essentiel de son œuvre dans son île natale, dont il dénonce la corruption, sans concession. Sa réécriture satirique de Candide *évoque l'immédiate après-guerre en Italie : son Candide naît sous les bombardements anglo-américains de l'été 1943.*

• Joann Sfar, *Candide,* Bréal, 2003

Le célèbre dessinateur et scénariste s'attaque à la philosophie en bande dessinée ! Un hommage à l'œuvre de Voltaire.

• Laurent Gaudé, *Eldorado,* Actes Sud, 2006

Deux Africains tentent de rejoindre « l'Eldorado » européen, au péril de leur vie. Parallèlement, un commandant de navire italien chargé de sauver les candidats à l'émigration, mais aussi de les ramener dans leur pays, remet en question sa mission.

• Henry Adams, *L'Éducation de Henry Adams,* La Salamandre, 2007

Adam, tout comme Candide, est un naïf qui déambule à travers le monde (ici, l'Amérique de la seconde moitié du XIXe siècle). Il essaie en chemin plusieurs systèmes philosophiques et il ne lui arrive que des malheurs… Un portrait ironique de la société américaine.

Voir

• **Leonard Bernstein, *Candide,* 1956**

Le compositeur américain a réalisé une adaptation contemporaine de Candide, *qui relève à la fois de l'opérette et de la comédie musicale, transposée dans l'Amérique des années 1950. Une adaptation récente a été jouée en 2006 à Paris, au Théâtre du Châtelet (voir Dossier images, doc. IV).*

• **Norbert Carbonnaux, *Candide ou l'Optimisme au XXe siècle,* 1961**

Cette adaptation cinématographique transpose l'intrigue de Candide *dans la période de la Seconde Guerre mondiale et de l'après-guerre (1939-1960). C'est l'occasion pour l'auteur de faire la critique de toutes les formes de compromission qui ont pu marquer cette époque.*

• **Stanley Kubrick, *Barry Lindon,* 1976**

De l'Irlande à la Prusse, l'histoire d'un jeune homme naïf puis intrigant et de son ascension dans la fastueuse société du XVIIIe siècle.

• **James Clavell, *La Vallée perdue,* 1994**

En 1641, l'Allemagne est en pleine guerre de Trente Ans. Vogel fuit devant l'arrivée des mercenaires. Il découvre une vallée et un village qui ressemblent à un paradis. Mais les soldats surgissent et meurtres, guerre, famine et épidémies ravagent ce lieu extraordinaire.

Notes personnelles

Ces pages sont les vôtres.
Vous pourrez y noter : vos citations *préférées* de Candide, ce que vous pensez de tel ou tel personnage, le passage de l'œuvre qui vous a marqué, ce qui vous a surpris, plu, mais aussi déplu...

À vos plumes !

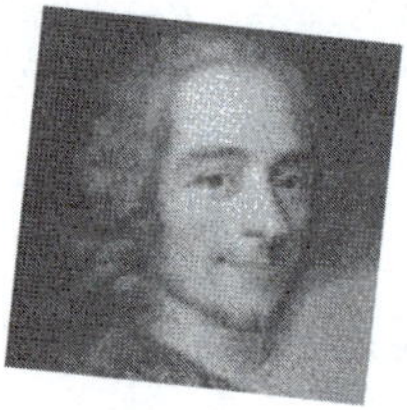

TABLE DES ILLUSTRATIONS

Conception graphique : Laurence Durandau/Laurence Ningre
Design de couverture : Denis Hoche
Recherche iconographique : Laurence Vacher
Mise en page : Alpha Edit
Correction : Laure-Anne Voisin
Édition : Cécile Baillargeat
Coordination éditoriale : Marion Noesser
Direction éditoriale : Marie-Hélène Tournadre

FSC www.fsc.org MIXTE Papier issu de sources responsables FSC® C022030

N° édition : 10241091 - Dépôt légal : novembre 2017
Imprimé en France par la Nouvelle Imprimerie Laballery - N° 710443

La Nouvelle Imprimerie Laballery est titulaire de la marque Imprim'Vert®

COLLÈGE

65. **Bédier**, *Le Roman de Tristan et Iseut*
51. **Courteline**, *Le gendarme est sans pitié*
38. **Dumas**, *Les Frères corses*
71. **Feydeau**, *Un fil à la patte*
67. **Gautier**, *La Morte amoureuse*
1. **Homère**, *L'Odyssée*
29. **Hugo**, *Le Dernier Jour d'un condamné*
2. **La Fontaine**, *Le Loup dans les Fables*
3. **Leprince de Beaumont**, *La Belle et la Bête*
10. **Maupassant**, *Boule de suif*
26. **Maupassant**, *La folie dans les nouvelles fantastiques*
43. **Maupassant**, 4 nouvelles normandes (*anthologie*)
62. **Mérimée**, *Carmen*
11. **Mérimée**, *La Vénus d'Ille*
68. **Molière**, *George Dandin*
7. **Molière**, *L'Avare*
23. **Molière**, *Le Bourgeois gentilhomme*
58. **Molière**, *Le Malade imaginaire*
70. **Molière**, *Le Médecin malgré lui*
52. **Molière**, *Le Sicilien*
36. **Molière**, *Les Fourberies de Scapin*
28. **Musset**, *Il ne faut jurer de rien*
6. **Nicodème**, *Wiggins et le perroquet muet*
21. **Noguès**, *Le Faucon déniché*
59. **Perrault**, 3 contes (anthologie)
8. **Pouchkine**, *La Dame de pique*
12. **Radiguet**, *Le Diable au corps*
39. **Rostand**, *Cyrano de Bergerac*
24. **Simenon**, *L'Affaire Saint-Fiacre*
9. **Stevenson**, *Le Cas étrange du Dr Jekyll et de M. Hyde*
54. **Tolstoï**, *Enfance*
61. **Verne**, *Un hivernage dans les glaces*
25. **Voltaire**, *Le Monde comme il va*
53. **Zola**, *Nantas*
42. **Zweig**, *Le Joueur d'échecs*
4. *La Farce du cuvier* (anonyme)
37. *Le Roman de Renart* (anonyme)
5. Quatre fabliaux du Moyen Âge (*anthologie*)
41. Les textes fondateurs (*anthologie*)
22. 3 contes sur la curiosité (*anthologie*)
40. 3 meurtres en chambre close (*anthologie*)
44. 4 contes de sorcières (*anthologie*)
27. 4 nouvelles réalistes sur l'argent (*anthologie*)
64. *Ali Baba et les 40 voleurs*

LYCÉE

33. **Balzac**, *Gobseck*
60. **Balzac**, *L'Auberge rouge*
47. **Balzac**, *La Duchesse de Langeais*
18. **Balzac**, *Le Chef-d'œuvre inconnu*
72. **Balzac**, *Pierre Grassou*
34. **Barbey d'Aurevilly**, *Le Bonheur dans le crime*
32. **Beaumarchais**, *Le Mariage de Figaro*
20. **Corneille**, *Le Cid*
56. **Flaubert**, *Un cœur simple*
49. **Hugo**, *Ruy Blas*
57. **Marivaux**, *Les Acteurs de bonne foi*
48. **Marivaux**, *L'Île des esclaves*
19. **Maupassant**, *La Maison Tellier*
69. **Maupassant**, *Une partie de campagne*
55. **Molière**, *Amphitryon*
15. **Molière**, *Dom Juan*
35. **Molière**, *Le Tartuffe*
63. **Musset**, *Les Caprices de Marianne*
14. **Musset**, *On ne badine pas avec l'amour*
46. **Racine**, *Andromaque*
66. **Racine**, *Britannicus*
30. **Racine**, *Phèdre*
13. **Rimbaud**, *Illuminations*
50. **Verlaine**, *Fêtes galantes*, *Romances sans paroles*
45. **Voltaire**, *Candide*
17. **Voltaire**, *Micromégas*
31. *L'Encyclopédie* (*anthologie*)
16. *Traits et portraits du* XVIIe siècle (*anthologie*)